静涛——

著

○岁，
您要么出众，
要么出局

江西美术出版社
JIANGXI FINE ARTS PUBLISHING HOUSE

图书在版编目（CIP）数据

30 岁，你要么出众，要么出局 / 静涛著 . —— 南昌：
江西美术出版社，2018.3
（时光新文库）
ISBN 978-7-5480-6013-0

Ⅰ.① 3… Ⅱ.①静… Ⅲ.①成功心理 – 通俗读物
Ⅳ.① B848.4-49

中国版本图书馆 CIP 数据核字（2018）第 032540 号

出 品 人：周建森
企　　划：江西美术出版社北京分社（北京江美长风文化传播有限公司）
策　　划：北京兴盛乐书刊发行有限责任公司
责任编辑：王国栋　朱鲁巍　宗丽珍　康紫苏
版式设计：曹　敏
责任印制：谭　勋

30 岁，你要么出众，要么出局

作　　者：静　涛

出　　版：江西美术出版社
社　　址：南昌市子安路 66 号江美大厦
网　　址：http://www.jxfinearts.com
电子信箱：jxms@jxfinearts.com
电　　话：010-82293750　　0791-86566124
邮　　编：330025
经　　销：全国新华书店
印　　刷：保定市西城胶印有限公司
版　　次：2018 年 3 月第 1 版
印　　次：2018 年 3 月第 1 次印刷
开　　本：880mm×1280mm　1/32
印　　张：7
I S B N：978-7-5480-6013-0
定　　价：29.00 元

30岁，活出我们想要的模样

《论语》上说："三十而立。"意思是，30岁的人应该能够依靠自己的本领独立承担自己应当承担的责任，并明确自己的人生目标和发展方向了。简单来说，30岁应该能够坦然面对一切。

什么表现才称得上"立"呢？在中国传统文化里，通常把这个"立"理解为成家立业，有所作为。可现代的人却对这个"立"有不同的理解。

有人说，"三十而立"应该是事业有成，有家有室，有房有车。而另外一部分人认为，是否"有房有车""娶妻生子"并不是"立"的本意，它的真正含义应该是"年至三十，学有所成"。还有一部分人认为，只有具备稳定的价值观和敢于负责与担当的心态，才算得上"立"。

虽然众人说法不一，但几乎所有人都认为，30岁是人生的一个重要阶段，它决定着一个人的是非成败，要么出局，要么出众。

每个人来到这个世界上，都不会甘心出局，那只有努力让自己出众。但不可否认的是，出众的人毕竟是少数，大多数人都很平庸。如果想出众、想成功，具体该怎么做呢？

认识自我，接纳自我，脚踏实地干工作，认认真真学知识。

没有人比你更了解你自己。

是要做展翅高飞的凤凰，还是要做安于现状的笼中鸟，全凭自己选择。

张爱玲说："成名要趁早。"也就是说，在人生的道路上，我们应该用良好的心态去迎接各种挑战，把握好自己的命运，争取早日过上自己想要的生活。我们改变不了某些事实，但我们可以改变自己的态度；我们改变不了过去，但我们可以争取现在，展望未来；我们不能掌控他人，但我们可以修炼自己；我们不能延长生命的长度，但我们可以拓展生命的宽度；我们不能左右天气，但我们可以改变心情；我们不能选择容貌，但我们可以展现笑容……

在追求梦想的路上，光喊口号是没有用的，只有脚踏实地干起来才有可能成功。30岁，处于人生的分水岭，它不仅是一个人"要么出众，要么出局"这么简单的事，更多的是一种人生态度。人生的境遇既充满各种变数，又具有各种选择。你羡慕马云的富有，渴望智慧的大脑，想住舒适的大房子，梦想开着豪车环游世界……你想要的很多，就要付出更多。一分耕耘一分收获，一切财富和智慧都不是凭空产生的，想要多少回报就要付出多少努力。要知道，成功的背后是勤奋，是汗水，是思考和行动的结合。忙起来，世界才是你的。忙起来，你才有可能成功。年轻时，你没有安稳、平淡的中间项可选，要么一生碌碌无为、甘心出局，要么脱颖而出、逐渐出众。

愿年轻的我们，都是后者，都能不顾一切地闯荡，都能掬到人生最美好的甘甜。这本书的目的并不是想让你从中发现大彻大悟的真理，或是给你醍醐灌顶的反思，只是想借着温暖的话语给你一些启发，帮你摆脱困境，战胜挫折，从进步走向成功，从平凡走向卓越，从出局走向出众。

人生，最大的失败不是跌倒，而是从不敢向前奔跑。世界上，哪有毫无准备的横空出世，所有的一切都是千锤百炼、苦心经营的结果。与其羡慕他人的璀璨夺目、出类拔萃，不如耐住寂寞，潜心修炼。命运不会苛责任何一个努力的人，即使最终的结果不圆满，也会给你一个恰如其分的安排。志不求易者成，事不避难者进，心中有梦想，脚下才有力量！

　　愿我们每个人，都能通过自己的努力，最终活出自己想要的模样。

目 录

Chapter 3　30 岁，学会控制情绪，才能变得成熟

Chapter 4　30 岁，执行力决定了你的下限

Chapter 1

30 岁，别再懊悔过去，你要为梦想而奋斗

失败并不可怕，可怕的是不曾尽力的懊悔。与其陷在并不满意的过去，不如认清自我，为梦想而努力。别让未来的你，讨厌今天的自己。

认识自我、接纳自我是迈向成功的第一步

　　当今社会，是经济与科技高速发展的社会，竞争充满了社会的各个角落。虽然我们的竞争对手无时无刻不在给我们施加压力，但真正的敌人却是我们自己。很多时候，我们失败的原因，并不是对手太强大，而是对自己认识不清，自己拉了自己的后腿。要想不拉自己的后腿，就必须认识自我，接纳自我，扬长避短。

　　2004年的雅典奥运会，刘翔以12秒91的成绩获得男子110米栏田径项目的金牌，平了由英国名将科林·杰克逊保持的世界纪录，夺得了中国男选手在奥运会史上的第一枚田径金牌。自此，刘翔成了全中国人心目中的英雄。

　　刘翔在雅典改写了中国男子田径历史的同时，谁也没想到这位"亚洲飞人"原来竟然是上海市少年跳高冠军，在转行的背后，刘翔也一度受到冷落和失败的辛酸。

就在刘翔获得跳高冠军之后，孙海平发现了刘翔。那是1998年夏天，当时培养出"中国跨栏王"陈雁浩的知名教练孙海平在见到当时年仅16岁的刘翔后就感觉这个孩子个子高、节奏感好，有着得天独厚的先天优势，是个练跨栏的料，于是就准备收入自己门下。然而当时刘翔的父母却极力反对刘翔成为专业运动员，他们害怕练不出结果，同时又希望刘翔能和其他孩子一样在学习上出人头地。于是，孙海平就在自己宿舍门口和刘翔的父亲来了一次非正式的会谈，他表示刘翔胆识过人，速度和爆发力也非常强，是块练跨栏的料儿。在孙海平的苦口婆心下，刘翔的父亲终于同意让刘翔留下，并且主动承担了做家里人思想工作的任务。几天后，刘翔的父亲亲自开车送刘翔去了少体校。于是，刘翔正式进入孙海平门下，开始系统的跨栏专业训练。

功夫不负有心人，事实证明，孙海平的判断是正确的。刘翔的转行让他找到了更适合自己的发展方向，这才有了他给我们创造的一个又一个奇迹。

只有认清自我，才能找准自己的位置，清楚自己该为社会做些什么，我们自身的价值才能得到尽情地释放。

战国时期，赵国大将赵奢曾以少胜多，大败入侵的秦军，被赵惠文王提拔为上卿。他的儿子赵括，自小熟读兵书，每每说起军事战略，总是侃侃而谈，一副手到擒来的架势，别人往往说不过他。因此他自认天下无敌，很是骄傲。公元前259年，秦军再次攻打赵国，赵军在长平（今山西高平县附近）誓死抵抗。那时赵奢已经去世，负责指挥全军的是赵国名将廉颇，他虽年事已高，但对打仗仍然很有办法，使得秦军一时无计可施。秦国知道这样拖下去了己不利，就施行了反间计，派人到赵国散布"秦军最害怕赵奢的儿子赵括将军"的话。赵王一听，果然上当，马上派赵括替代了廉颇。一向自视甚高的赵括到长平后完全改变了廉颇的作战方案，生搬硬套兵书上的条文，结果致使四十多万赵军尽数被歼灭，他自己也被秦军射中身亡。

赵括的枉死固然令人惋惜，但这个故事告诫我们，如果一个人无法认清自己，不但损人不利己，还有可能铸成难以弥补的大错。

俗话说，人贵有自知之明。只有正确认识自我，才不会对自己的能力进行过高的估计，从而做出与自己能力不相符的事情。

只有正确认识自我，我们才能重新找回自己的航行坐标，往胜利方向前进。当然，这不是一蹴而就的事，需要对自己有一个客观、真实的理性评价，包括身体特征、家庭背景、成长经历、个性特点等一切与自我相关的东西。然后，在这个基础上，再全然接纳自己。

人生一世，谁都不可能一帆风顺。我们要做的，是"胜不骄，败不馁"。在取得成绩时，不骄傲自满；在遭遇挫折时，不妄自菲薄。这世界原本就不是完美的，我们也要接纳自己的不完美。我们要允许自己犯错，允许自己在某些地方不OK。我们不必事事都要求自己必须出类拔萃，优于别人，只要把自己的闪光点发扬光大就可以了，只要在自己擅长的领域做到足够优秀就可以了。

生命是由每一时每一刻，每一分每一秒组成的，它的价值是由每一个有价值的瞬间积累起来的。如果你整天忙忙碌碌，却没有获得相应的价值，那不是徒劳无功、浪费生命吗？我们要做的，是忙到实处，忙到点子上，忙出价值和效益。

一寸光阴一寸金，莫做"瞎忙族"

　　现代社会，为了应对巨大的生存压力，实现自我价值，越来越多的人过上了快节奏的生活，"忙碌"成了一种常态。有的人是真忙，而有的人"忙"得意义却不大，忙忙碌碌却没有结果，这种人被称为"瞎忙族"。

　　据《生命时报》联合互联网进行的一项1500余人参加的调查结果显示，52.2%的人表示"太忙了，几乎没时间休息"；56.6%的人会习惯性地问朋友"最近你在忙什么"；38.4%的人表示几乎每天都没有休闲时间；32.1%的人表示不知道都忙了什么，就是觉得没时间。

　　家住房山区顺河路的小陈在联合路一家贸易公司上班。她到单位一年多了，每天早上8点半就到办公室，一坐到电脑前，先是QQ、微信、旺旺登录，随后几个新闻首页弹出来，挨个看完，再刷微博、看朋友圈、查邮件、浏览网购动态……一天下来，小陈觉得自己根本没做什么事。到了年底，工作量增大，可小陈的工作习惯依旧，整天忙来忙去觉得力不从心，却一样工作都没干好，领导指派的活儿都是"抽空"干的。她越来越迷茫。

谈起自己的工作状态，小陈有些羞赧。她看到周围的同事都很忙碌，自己却怎么都进入不了状态，就算是"真忙"的时候，她的工作效率也不高，往往一件事做一半又去处理另一件。每件事都感觉很紧急，都想去做，却都做不好。因为她常常正忙着，就被一个网络弹窗或是一条QQ消息吸引去了注意力。这样一天下来，花在工作上的时间看似很多，实际上都在"瞎忙"。

小王刚刚荣升了项目经理，各种繁杂的事务一下子摆在眼前，让他难免疲于应对，可偏偏这时候老家有个亲戚病了，非让他帮忙找知名的医生看病。小王怕被骂"忘本"，不好推托，每天陪着上医院。这样一来，好多人都听说他在医院有门路，纷纷找他帮忙看病，小王怕得罪人，都一一应承了。很快就是年中了，项目一点儿进展都没有，老板的脸色越来越难看。小王这才发现，自己这半年的忙碌都是无用功。

小刘是烟草公司里最热心的年轻人，看起来也是办公室里最忙碌的一个，打电话、送文件、接客户，马不停蹄。他虽然忙却效率不高，仅一份年终总结就3天都没完成，总要被许多事情打断，几乎没有安静写东西的时间。当别人问他整天这样忙得团团转累不累时，他毫不在乎地说："不怕忙，就怕无事可做。"他说自己一闲下来就焦虑，所以没事找事，谁有什么需要帮忙的地方，马上去帮忙。他以为这样才能得到领导的赏识、同事的认可，所以在办公室总是表现得很热心，结果却把自己的事耽误了。

上面三个人代表三种类型的"瞎忙"，心理专家分析，典型的"瞎忙族"有三大特征：

1. 安排不好时间。网上聊天、浏览新闻、刷微博这些琐事，让很多时间白白溜走了。一会儿忙这个一会儿忙那个，时间碎片化，效率很低，导致事情越堆越多。

2. 不分主次。很多人做事前没有合理的计划，做事不分主次，导致自己像一个"消防员"随时要去"救火"，成了急事、琐事的奴隶，最重要的事反而未能及时完成。

3. 闲下来就焦虑。不怕忙，就怕无事可做，这也许是现代人最普遍的一种心态。就像一个疯狂的陀螺，习惯了高速旋转，一旦停下来，反而会焦虑、恐惧、空虚，有的人甚至有了假期反而不会休闲了。

盲目地忙碌，最后收获的往往都是茫然。中国有句成语叫"碌碌无为"，碌碌，即忙得不可开交，但却"无为"，想想都很可怕。很多时候，可能是我们根本没有把"忙"真正地定义清楚。忙是什么呢？忙应该是在特定的时间段中，朝着特定的目标进行连续不断的努力的生存状态。忙碌可以使我们的生活充实，让我们将来回忆这段时光时觉得自己对得起时间、对得起自己。但是如果你只是为了不闲着而去忙，只是为了向人表明自己"重要"而去忙，那么无非是自己欺骗自己罢了。

朝着理想中的自己前进

　　芸芸众生，有成就的人屈指可数，大多数人都是平淡无奇地过一生。成功者到底是怎么脱颖而出，从而赢取璀璨人生的呢？我们无法得知每个人的成功秘诀，但通过仔细分析不难发现，这些人无一例外都对自己有强烈的认知，他们知道自己要的是什么，也知道在哪里可以得到它。他们目标明确，执行力强。无论面对什么样的境遇，他们始终坚定不移地走向目标所在的那条路。

　　然而，在达成目标之前，我们需要弄清楚自己到底想成为什么样的人。虽说每个人的本质难免会受文化的影响，但完全以文化所具有的价值系统来生活，那是跟自己过不去。你能做什么？将走什么样的路？这是命运的质问。庸者随波逐流，唯有智者，才有资格成为自己的导师和内心的解读者。你的才能就是你的天职。在选择职业时，不要考虑什么样的职业挣钱最多、怎样成名最快，应该选择最能发挥你的潜能、才能，让你全力以赴的工作。

"你来人间一趟，要活出自己的模样"，这是我很喜欢的一句话。每个人的生命不过数载，若在这有限的时间里不能活成自己渴望的样子，那当真是无趣至极。数载人生里，许多未知的事情和人会给你带来消极的情绪，这时候，不妨坦然一笑，告诉自己：我要做自己想成为的人。

有人说，在人生的所有幸福中，有一种幸福被人们所津津乐道并被别人所羡慕，那就是你所从事的正是你喜欢并非常擅长的职业。这种幸福并不被大多数人拥有，只是少数人的特权。大多数人为了生计而四处奔波，干着自己不喜欢的职业，这其实是很无奈的，而真正的幸福就是所从事的工作和自己的爱好相一致，就像易趣网的创始人邵亦波所说："一个人要成功的话，一定要找到自己最想做的事，当然这也是他最能干的事，这样他就能够每天都很有劲地去工作，也容易成功……"

易趣网的邵亦波可谓是一个少年得志的人，还在上高中时，他在数学方面的才华就崭露头角，并在高二直接进入了美国哈佛大学学习。从哈佛大学毕业之后，他谢绝了美国各大咨询公司和金融投资银行的高薪聘请，回上海创办易趣网，任首席执行官。如今，易趣网已成为全球最大的中文网上交易平台。

谈及自己的工作，邵亦波说："回国创业不是我的一时冲动，而是我想了很久才定下来的，最重要的是，感觉自己对这方面感兴趣，愿意在这方面发展。"

生命的意义就在于能做自己想做的事情，成为自己想成为的人。如果我们总是为环境所迫去做自己不喜欢的事情，而没有机会做自己想做的事情，我们就不可能拥有真正幸福的生活。可以肯定的是，每个人都可以并且有能力做自己想做的事，想做某种事情的愿望本身就说明你具备相应的才能或潜质。

"做自己喜欢做的事"，是一种不为名牵、不受物累、不受羁绊、不为尘嚣缠绕的自我选择，是一种至高、至纯、至善、至美的生活方式，轻松洒脱，自由自在，因而能最大限度地发挥自己的创造潜力，并感受到无穷的乐趣。只有从兴趣出发，做自己喜欢做的事，才能增强生命活力，谱写人生的美丽乐章，做最好的自己。

在人生的海洋上，流逝的时间就像吹到船上的风，扬起风帆的只有我们自己。如果我们自己都不知道将要驶向哪里，又怎么可能抵达成功的彼岸？也许在做自己想成为的人的过程中难免会遇到挫折，难免不被旁人理解，可是这时候要做的并不是放弃，也许再坚持那么一下下，你就可以做自己想成为的那种人。

没有人会带着先天的梦想来到世间，每一个人都是在经历了大大小小的事件后才找到适合自己的梦想，才知道自己想要成为怎样的人。许多人因为外界因素放弃了自己的梦想，放弃了做自己最想成为的那种人的机会，时隔多年后悔不已，却再也找不到回去的路。所以，我们不要做许多年后后悔的人，趁着青春正好、年华未老，现在就努力去做自己想成为的人吧！

做你想成为的人，成就属于你自己的人生。愿你凭自己的努力在四季轮回里唱着属于自己的歌，愿你凭自己的努力在人间这一趟中活出自己的模样！

自省是走向成功的基石

自省，顾名思义就是自我反省。有的人时时刻刻自信满满，狂妄自大，对他人处处吹毛求疵；而有的人分分秒秒自我检讨，唯恐出错，却对他人的种种海纳百川。

人非圣贤，孰能无过？谁能心安理得地说自己从未犯过一丝一毫的错误？犯错并不可怕，可怕的是不知道反省。

自省是沧海里一颗闪亮的明珠，自省是航海中的风向标。古往今来，因自省成就一个人甚至一代人的例子不胜枚举，而因不自省毁掉一个人或一个朝代的事也比比皆是。唐太宗李世民听取魏征忠言，不断改正自身错误，成就大唐盛世；秦始皇在统一六国后，顽固骄奢，实施暴政，失去民心却不知觉醒，最终导致秦朝覆火。许多高官厚禄的人贪污、受贿，最终误入歧途，困压于法律之下；而许多科学家坚持不懈，在一次次失败之后，紧抓着失败的问题钻研，从而获得成功。由此可见，自省可以造就不同的人生。

现实生活中，有些孩子因为是独生子女，所以父母平时非常溺爱，每当孩子出现问题时，父母总是把问题推到他人身上，认为自己的孩子什么都是对的，从而让孩子养成了一种娇纵跋扈的性格。而有的家庭却从孩子幼时起，就教导孩子要勇于承认自己的不足，要敢于承担自己的过失，从而使孩子养成谦卑、自省的品格。

自我反省就像生活中的调味料，少了它，你总会觉得缺少了什么；少了它，你的人生不会有多精彩。所以，能否自我反省也会对我们的性格和面对生活的态度造成巨大的影响。能够自我反省，它将会使原本"方方正正"的你打磨得光滑如新，使你在人生的道路上不再拥有那么多棱角，变得更加顺利。

如果你还不具备这种自我反省的能力，那么从现在开始，你必须努力去培养它。

自省让一个人更接近生命的本质，了解生命的意义，更懂得感恩与包容。那些事业上有所成就的人，并不是因为他们有多聪明，而贵在他们手里有一把通往成功之门的钥匙——自省。有的人每天都会自我反省，所谓"一日三省吾身"当是如此，而有的人却整天浑浑噩噩，从来不知道自己哪里需要进步，哪里需要改进。

我们都知道，爱迪生在发明电灯的过程中，经历了重重困难，但他最终还是取得了成功。究其原因，就是他善于自我反省。他在研究电灯中的灯丝时，发现一般的金属丝根本难以承受高温而常常熔化，所以必须找到一种熔点极高的灯丝才行。经过反复思考和千千万万次实验以后，爱迪生终于找到了熔点极高的灯丝——钨丝。从爱迪生的锲而不舍上，我们不仅看到了坚持的力量，还看到了自省的力量——自省是走向成功的基石。

众所周知，乔布斯发明了苹果手机，从而开启了智能手机的新纪元。要知道，在此之前的手机都是十分笨重，不便于携带的那种，而且功能也不是很多。于是，乔布斯就想，能不能把电脑里的功能植入手机呢？如此一来，手机除了接打电话、发信息，不是还可以用来网络办公吗？另外，如果把手机设计得更轻巧一点，不是更便于携带吗？乔布斯不断地思考如何改进手机的新功能，同时也不断地反省自己在探索中的错误，最终新一代苹果手机上市了。苹果手机一经上市，便受到消费者的追捧。而乔布斯并没有停下前进的脚步，他依然不断地自我反省，以求让手机的功能更加全面。

如今，苹果手机已经是风靡全球的热销机。虽然它的发明人乔布斯已经去世了，但他带给人类的影响将永留人们心中。

曾子曰："吾日三省吾身，为人谋而不忠乎，与朋友交而不信乎，传不习乎？"在古代，圣人都在每天自我反省，而在经济发达时代的我们，怎么能不去反省自身的错误？要相信，自省是走向成功的基石！

战胜自我，你的梦想一定能实现

人生最大的敌人，就是自己。战胜自己，就是最大的挑战。在如今这个时刻充满竞争的时代，每个人都会遇到各种各样的难题。关键是，遇见困境，你能否跨过去超越自己？

人生要想精彩，就要无数次战胜自己，超越自己。在战胜自己的过程中，即使遭遇一千次失败，也要一千零一次爬起来。把每一次挫折，都当成生活对自己的磨炼。有人说，90%的失败者，不是被别人打败，而是自己没有战胜自己，放弃了成功的希望。人生的失败，最终并不是败给别人，而是败给了自己。一个不能或不敢战胜自己的人，永远都不可能摘取胜利的果实。

成功者与失败者，就因这一点点，而被划为截然不同的人生角色。真正的成功，就在于战胜了自己，赢得了世界上最伟大的胜利。

波恩和嘉琳是一对孪生兄弟。在一次火灾事故中，消防员从废墟里找出了兄弟俩，他们是火灾中仅存的两个人。

兄弟俩被送往当地的一家医院，虽然两人死里逃生，但大火已把他俩烧得面目全非。"多么帅的两个小伙子！"医生为兄弟俩惋惜。波恩整天对着医生唉声叹气："我现在成了这个样子，以后还怎么出去见人，怎么养活自己？"他对生活失去了信心，总是自暴自弃地说："与其这样活着，还不如死了算了。"而嘉琳却不这样认为，他努力地劝慰着波恩："在这场大火中，只有我们得救了，我们更应该觉得生命弥足珍贵才是啊。"

兄弟俩出院后，波恩始终无法接受这样的现实，最终偷偷服下50片安眠药离开了人世。嘉琳却艰难地生存了下来，无论遇到旁人多少冷嘲热讽，都咬紧牙关挺了过来。嘉琳一次次地暗自提醒自己："我生命的价值比谁都高贵，我要珍惜这来之不易的第二次生命。"

一天，嘉琳还是像往常一样送一车棉絮去加州。天空下着雨，路很滑，嘉琳开车开得很慢。此时，他发现不远处的一座桥上站着一个人。嘉琳紧急刹车，车滑进了路边的一条小沟。还没等嘉琳靠近年轻人时，年轻人已经跳下了河。年轻人被他救起后又连续跳了3次，直到嘉琳自己差点儿被大水吞没，年轻人才放弃自杀。

后来嘉琳发现自己救的竟然是位亿万富翁，亿万富翁非常感激嘉琳，就邀请嘉琳和他一起干起了事业。于是，嘉琳从一个积蓄不到10万元的小司机，凭着自己的诚心经营发展成了一个拥有3.2亿元资产的运输公司的大老板。几年后医学发达了，嘉琳用挣来的钱修整好了自己的面容。

生命的过程就是不断战胜自己、完善自己的过程。海伦·凯勒，一个双目失明、双耳失聪的残疾人。幼年的不幸使她必须付出比别人更多的努力：因为听不见，朗诵时不能调节自己的声音而影响了周围的邻居；因为看不见，看书时，常因笔尖的锋利而使手指出血。但这种种困难并没有使她停止前进的步伐。最终，她以百倍、千倍甚至万倍的努力取得了优异的成绩，考上了哈佛女子学院，学会了十多种外语。海伦·凯勒超越的不仅是自我，更是残疾人生命的极限与常人难以完成的境界。

因此，战胜自己，就要有坚忍不拔的意志、破釜沉舟的信念，要有在逆境中成长的信心、在风雨中磨砺的决心。同时，还要不断总结经验、教训，想出解决办法。

　　著名作曲家贝多芬一生有许多不朽之作，但很多有名的曲目都是在他失聪后创作的。对很多音乐家来说，失聪意味着其音乐生命的结束，然而，贝多芬却想出了战胜自己的办法：他通过对音乐的认识，自己先在脑中创作，然后再用手触摸五线谱的木板。就这样，他完成了《命运交响曲》的编曲工作。

　　战胜自己才能感受生命的活力，战胜自己才能找出通往成功的途径。所以，无论是健全的身躯还是有残缺的臂膀，无论是身处优越的条件还是困窘的环境，我们都要战胜自己。只有战胜自己，我们才能破茧成蝶，舞出华美的人生乐章！

你是自己唯一的救世主

在成功者的字典里，是没有"绝望"二字的。无论处于多么糟糕的境遇，他们也不会轻易否定自己，只知道等待自己的终将是希望。即使许多事情似乎已经到了绝望的边缘，他们也会冒险拼搏一下，为自己挖掘生存的希望。

有个放牛娃上山砍柴的时候，突然遇到了老虎的袭击，可把放牛娃吓坏了，抓起镰刀就跑。可他单薄的身子怎么能跑得过老虎呢，何况前方就是悬崖！眼看着老虎一步步向自己逼近，放牛娃心想：我绝不能就这样死掉！与其坐以待毙，不如放手一搏，说不定还有一分生还的可能。于是，他准备转过身来和老虎拼个你死我活。可就在这时，他一不小心，一脚踏空，跌下了悬崖。千钧一发之际，求生的本能让他抓住了半空中的一棵小树。小树摇摇欲坠，可他能怎么办呢？下面是万丈深渊，上面是饥肠辘辘的老虎，四周是悬崖峭壁，即使有人路过也难以对他施救。吊在悬崖上的放牛娃分析过自己眼前的处境后，心下绝望，不由得放声大哭起来。

就在这时，他一眼瞥见对面山腰上有个老和尚正经过这里，便高喊"救命"。老和尚看了看四周的环境，心有余而力不足，只好惋惜地对放牛娃说："我实在是没有办法啊。看来，你只能自己救自己了。"

放牛娃好不容易才等来一个人，结果这个人还说帮不了自己，别提有多绝望，他哭得更伤心了。他一边哭，一边说："我这副样子，怎么能救自己呢？"

老和尚说："与其那么死揪着小树等着饿死、摔死，不如松开你的手，或许还有一线希望呀！"说完，老和尚叹息着走开了。放牛娃又哭了一阵儿，还骂了一阵老和尚见死不救，不配为佛门弟子。

眼看着天快要黑了，悬崖上的老虎还在上面虎视眈眈地盯着他，它像是算准了他坚持不了多久似的，死活都不肯离开。而此时，放牛娃已经体力不支，又饿又累，抓小树的手也越来越没有力量了。怎么办呢？难道就这样等死吗？他想起了老和尚的话，仔细想想，觉得老和尚的话也有几分道理。是啊，这么坚持下去，只能是死路一条，而松开手落下去，也许仍然是死路一条，但也有可能生还啊。既然怎么都是个死，何不冒险一试呢？

于是，放牛娃停止了哭喊，艰难地扭过头，选择跳跃的方向。他发现万丈深渊下隐隐约约似乎有一小块绿色，会是草地吗？如果是草地那就太好了，这样跳下去的话，说不定不会摔死。可他真的好害怕啊，但怕有什么用呢，他只好安慰自己："跳吧，跳吧，只有冒险试一试，才能获得生存的希望。"最后，他咬紧牙关，在双脚用力蹬向绝壁的一刹那松开了紧握小树的手。身体飞快地向下坠落，耳边传来呼呼作响的风声，他怕极了，但又告诉自己绝不能闭上眼睛，反而应该瞪大眼睛选择落脚的地点。没想到，奇迹真的出现了——他落在了深谷中唯一的一小块绿地上！

后来，附近的乡亲们发现了放牛娃，把他救了回去。两年以后，放牛娃重新站了起来。他终于活过来了！

这个故事很简单，也颇具传奇色彩，但其中蕴含的精神却值得我们深思：即使在最绝望的时刻，也要扼守住最后的希望，并去做最后的努力和冒险。这样，就等于多给自己一次机会，从而赢得崭新的人生。

因此，不要动不动就把"绝望"挂在嘴边，把灾难当作一所学校，把逆境当成营养，敢于为自己冒一个大险，结果可能就是你抓住了机遇，营造了生命的春天。

我们总是羡慕很多成功人士的累累硕果，却不去学习他们不对命运屈服的劲头，要知道，面对绝境，只有你自己才是你的救世主。遇到困难，与其等着别人来救你，何不设法自救呢？要知道，别人帮你是情分，不帮你是本分啊。如果连你自己都放弃自己了，还怎么指望别人来帮你呢？

记住，求人不如求己，你是自己唯一的救赎。

给目标一个达成期限

周星驰的喜剧电影《大话西游》中有这么一段经典台词：

曾经有一份真挚的爱情摆在我面前，我没有好好珍惜，等到失去后才后悔莫及。人世间最痛苦的事莫过于此。如果上天再给我一次机会，我一定勇敢对她说：我爱你！如果非要为这份爱加一个期限，我希望是一万年！

电影中的至尊宝看着自己爱的人飘然远去，自然可以声泪俱下地说出这样感人至深的话，可现实生活中的我们在制定目标之后，想听的并不是年老时劳苦无功的"追悔莫及"，而是现在、当下的"马上行动"！

如果一定要给这个计划加一个达成期限，你希望是多少年？年轻是最大的资本，时间是最宝贵的财富。与其整日浑浑噩噩、虚度光阴，还不如找些有意义的事做。就像马云说的那样，"梦想还是要有的，万一实现了呢？"

很多人看到身边比自己优秀的人，总是习惯性地把一切归结为时机未到，总是说：等我到了他那样的年龄，我会比他更出色、更强大。然后，接着玩，接着乐，死气沉沉的生活并没有什么改变，一切都等"以后"再说。

"以后"成了我们人生的里程碑，在不知不觉中，把我们送到人生的终点。等到我们白发苍苍、垂垂老矣的时候，才发现自己依然两手空空，一切都晚了。

很多美好的计划，只要当时做一个详细的规划并马上行动，基本上都可以实现，遗憾的是，我们自己给实现那个计划的期限是下辈子。

有计划是好事，但必须还得给实现这个计划一个期限，那样才能让计划成为我们从卧室爬到天堂的梯子。

假如我们实现一个计划必须是四小时、四天、四周、四个月或者是四年，否则就会死亡，那么我们一生将会实现自己多少个计划呢？

为什么要这样说呢？因为海獭觅食的时间只有四分钟，潜水觅食的结果只有两个：要不在四分钟内捕捉到食物回到海面，因为回不到海面就要淹死；要不就是捕捉不到食物，然后饿死、冻死。

海獭生活在北太平洋阿留申群岛周围的冰冷海域中，根据动物学家的研究，它是由栖息河川的水獭，大约在500万年前移居到海边进化成海獭的。因此它不像其他海生动物那样善于长时间潜水，它每次潜水的时间只有短短的四分钟。

海獭生活的地方异常寒冷，它防寒只靠两件东西：一是它身上长着茂盛密集的毛，二是靠每天吃掉大量海鲜产生大量的热量。它是世界上食量最大的动物，并不是说它一次吃的东西最多，而是它一天要吃1/3体重的食物才能维持生存。成熟的海獭体重约为30千克，它每天至少要吃9千克的海鲜才行。

海獭的头很小，身躯肥胖，前肢短而裸露，后肢长而扁平，趾间有蹼，呈鳍状，适于游泳和潜水。海獭主要生活在海中，仅休息和生育时上岸，甚至睡觉时也在海里漂浮。它们几乎不到陆地上活动，也从不远离海岸。夜晚，它们能在海面上过夜睡觉。

与其他海兽相比，海獭的游泳速度算是比较慢的，每小时仅10~15千米。

海獭主要以贝类、鲍鱼、海胆、螃蟹等动物为食，所以它经常潜到海下3~10米处活动，有时潜到50米深的海底寻找食物，能潜水的时间至多只有四分钟，它要想活着，就得好好运用每一个四分钟。

正因为海獭非常清楚自己的捕猎时间有限，而且每天需要的食物很多，所以每次潜水之后，立即锁定目标，然后以简单、快捷、实用的办法抓捕猎物，一秒都不耽误。抓到猎物后，赶紧在肺里的氧气用完之前返回水面。

海獭在大海里捕捉食物，可以说没有任何优势可言，然而正是它的四分钟观念，让它在那冰冷的世界得以存活。

有人会说，我们和海獭没有任何可比性，它仅仅是捕捉猎物，我们还有很多事情去做：没完没了的琐事、没完没了的烦恼……错了，我们只是空有想法不去行动，空有骨气没有脾气！

假如我们也像海獭那样，四分钟时间决定生死，那我们还会动不动抱怨半小时，动不动发一小时牢骚，心情一不好就什么都不管不顾吗？

如果一个人想得太多，做得太少，那就什么也完不成。总认为一切还来得及，明天再做也不迟。选择时犹豫不决，机会前患得患失，结果便是混了一天又一天，混了一年又一年。

我们总是在说"做人要输得起"，大不了从头再来。可有些事情是没办法重来的，比如时间、生命、成功和爱。

你必须给自己一个达成期限，要么成功，要么放弃。

成功了，收获一份幸福；放弃了，收获一份清醒。

愿你苦苦追寻的，都是你想要的。

愿你得偿所愿、志得意满。

不忘初心，方得始终

　　"不忘初心，方得始终"这句被许多人视为座右铭的名言，出自《华南经》。意思是说，一个人做事情，始终如一地坚持当初的信念不放弃，到最后就一定能成功。

　　什么是初心呢？初心，就是一个人在人生的起点许下的梦想，是一生渴望抵达的彼岸。

　　每个人的人生开始，都不缺乏各种各样的梦想，可是随着时间的推移、生活的磨砺，让我们越来越执著于眼前，淡忘了曾经的梦想。

　　"Follow your heart（遵从你的内心）"，很简单的一句话，在现实生活中，却很少有人自始而终地坚持到底。我们常常走着走着，就忘了自己的初心是什么，常常走着走着，就距离最初的梦想越来越远，尤其是受到太多外在环境干扰的时候，更是连坚持的勇气都没有。时间久了，才发现很多想做的事都没做，很多想说的话也没说，很多想爱的人更是没有好好爱。

不忘初心，才能让我们不管在怎样的年龄，都有踏上征程的勇气。

2008年，金庸因为在刘邦废立太子的事情上搞不明白，就向北大国学院的老师请教，听后豁然开朗。于是，他就对时任北大校长的许智宏说："我想到北大读本科，补补国学的不足。"许智宏笑着说："您应该读北大国学研究院的博士。"可第二年，已经89岁高龄的金庸真的投到袁行霈教授门下学习古代文学去了。

面对人们的困惑，金庸解释说："我从小就喜欢徜徉于书海，这成了我一生的愿望。吾生有涯，学而无涯，初心让我学会清零，像一个新生儿一样永远充满好奇，从来不会感觉到年龄的苍老。"

初心，给了金庸一种积极进取的人生状态，让他随时能回到最初的原点，重新开始。人生的经历，在我们大脑里塞满了各种各样的东西。有时我们满足于鲜花和掌声，喜欢在美好的过去里追忆；有时我们则沉浸于挫折的苦痛，在灰暗的世界里踽踽独行。其实我们最需要的，就是不忘初心，回到充满渴望的婴儿状态，永远在拼命地汲取，永远在奋力前行的路上。

席慕蓉曾经专门写过《初心》，文中有这样一句话："我一直相信，生命的本相，不在表层，而是在极深极深的内里。"

此处的"内里"即为"初心"，它不常显露，很难用语言文字去清楚形容，只能偶尔透过直觉去感知其存在，但在遇到选择之时，在不断地衡量、判断与取舍之时，往往能感知其存在。

林清玄说：回到最单纯的初心，在最空的地方安坐，让世界的吵闹去喧嚣它们自己吧！让湖光山色去清秀它们自己吧！让人群从远处走开或者自身边擦过吧！我们只愿心怀清欢，以清净心看世界，以欢喜心过生活，以平常心生情味，以柔软心除挂碍。

在忙碌、喧嚣的当下，在偶尔需要戴着面具前行的当下，我们都需要将自己的"初心"好好珍藏，不让它因岁月的冲刷而斑驳失色，静静地等到时机来临的那一刻，用温暖与睿智，矫正自己前行的方向。

人生只有一次，生命无法重来。我们要经常回头望一下自己的来路，回忆起当初为什么启程；经常让自己回到起点，给自己鼓足从头开始的勇气；经常纯净自己的内心，给自己一双澄澈的眼睛。不忘初心，才会找对人生的方向；不忘初心，才会坚定我们的追求，抵达自己的初衷；不忘初心，坚持到底，才会得到人生的硕果。

　　不忘初心，方得始终。

Chapter 2

30 岁，敢于磨砺，才能找到精进的方法

人生几多风雨，面对挫折，是迎难而上还是逃避沉沦，关键看自己的选择。"宝剑锋从磨砺出，梅花香自苦寒来"，没有人能随随便便成功。

想别人所不敢想，做别人所做不到

成功是什么？是一种感觉，一种心态。成功者常常心怀梦想，遇见问题，总是积极去解决，"我可以""我能行"是他们的口头禅。而失败者却总是拿"我不行"做借口，连想都不敢想，更别说做了。

事实上，成功与人的心态有很大关系。一个人如果转变一下心态，由消极变为积极，由自我放纵到自我约束，由"我不行"到"我能行"，就会距离成功越来越近，最终改变自己的命运。

火车站的候车厅，有两名来自农村的年轻人准备外出打工。一个打算去上海，一个决定去北京。可是在候车厅等车的时候，两人各自又都改变了主意，因为他们同时听到邻座的人议论：上海人精明，外地人问个路，他们都要向人收费；北京人质朴，见了吃不上饭的人，不仅给馒头，还送旧衣服。

于是那个想去上海的人想：还是北京好，挣不到钱也饿不死，幸亏车没到，不然我真上了车，这不是掉进火坑了吗？

而那个打算去北京的人想：还是上海好，给人带路都能挣钱，还有什么不能挣钱的呢？我幸亏还没上车，不然真的失去一次致富的机会了。

后来他们在退票处又相遇了。要去北京的换了去上海的票，要去上海的换了去北京的票。

去北京的那个人去了北京以后，发现北京果然好。他初到北京的一个月，什么都没干，竟然也没有饿着。不仅银行大厅里的纯净水可以白喝，而且大商场里欢迎品尝的点心也可以白吃。

去上海的那个人去了上海以后发现，上海果然是一个干什么都可以赚钱的城市。带路可以赚钱，开厕所可以赚钱，弄盆凉水让人洗脸都可以赚钱。只要想点办法，再花点力气，怎么样都可以赚钱。

后来，去上海的那个人就在建筑工地装了二十包含有沙子和树叶的土，然后给这些土起了个好听的名字——"花盆土"，向不见泥土又爱花的上海人售卖。那天他在城郊间往返八次，净赚了100元钱。就这样，一年后，他依靠"花盆土"赚来的钱，竟然可以在大上海租一间小小的门面了。

在常年走街串巷的过程中，他又发现了一个新的商机：一些商店的楼面虽然亮丽，但招牌却很黑，一打听才知道，原来清洗公司只负责洗楼不负责洗招牌。他立即抓住这一空白，买了人字梯、水桶和抹布，办了一个小型清洗公司，专门负责擦洗招牌。如今，他的公司已有150多个打工仔，业务也由上海发展到杭州和南京。

前不久，他坐火车去北京考察清洁市场。在北京车站，一个捡破烂的人把头伸进软卧车厢，问他要一个空啤酒瓶，就在递瓶时，两个人都愣住了。因为他们都认出了对方就是五年前在火车站换票的那个人。

也许有人会觉得这个故事太戏剧，缺乏真实性。但故事背后的意义，却发人深思。同样是来自农村的两个人，只是因为生活理念不同，人生的差距却出现了云泥之别。一个是利用当地的特点，赚取合理的钱财，由此彻底改变了自己的命运；另外一个，却因为贪图一时的安身立命，而忽略了积极进取的精神，致使自己五年以后依然一无所获。

由此可见，心态对人的学习、生活、工作、健康都有重要的意义。积极向上、乐观平和的心态能使人精力倍增，从而提高学习、工作的效率与效果，增强信心和希望，并有易于健康；反之，消极处世、悲观浮躁的心态则使人颓丧、消沉，处理事情的能力也大打折扣。

上述故事中两个人不同的人生轨迹就是最好的证明。

在来去匆匆的人生旅途中，停住脚步，安静下来，调整心态，想别人所不敢想，做别人所不敢做，或许你就能走出一个崭新的自己。

主动出击胜过消极等待

人生犹如一场战斗，有人积极主动，有人则消极等待。其实无论你积极还是消极，都会因为生存压力、生活需要，自然地被卷入人生这场战斗。与其被动地卷入，还不如主动出击，选择一场真正由你选择的人生战场，去争取胜利。

春秋战国时期，宋国有个农夫正在田里耕田，田地里有一根粗大的树桩。突然，一只野兔从旁边的草丛里蹿出来，急速向前跑去并一头撞在那根树桩上，然后便倒在那儿一动也不动了。农民走过去一看，原来兔子奔跑的速度太快，直接撞在树桩上死了。农夫白捡了一只又肥又大的野兔，高兴极了。他想：要是我天天都能捡到野兔，那该有多好啊。从此，他就整日幻想着再捡到撞死的野兔，再也不肯出力气种地了。每天，他就躺到树桩跟前，等待着第二只、第三只野兔自己撞到这根树桩上来。农夫当然再也没有捡到过撞死的野兔，可他的田地却荒芜了。

这是几乎我们每个人都听过的"守株待兔"的故事。

故事里的农夫显然是荒唐可笑的，但是现实生活中，这样的人又何止少数呢？很多人总以为还会有"野兔"来到自己身旁而选择消极等待。之所以这样的人络绎不绝，主要是因为主动出击的确不是一件轻而易举的事，主动出击必然要付出更多的努力。吃常人难以吃的苦，忍常人所不能忍，方能为常人所不能为，这是成大器的必经之路。

当然，没有人愿意消极等待，很多时候的选择往往是在一定的利益基础上，基于一定的生活习惯，认为这样得过且过也可以终老一生，而主动出击打破现有的状态会带来不可预知的风险，所以人才变得安于现状、不思进取。惰性一旦形成，往往就不知道该如何走出第一步，从而将就于眼前的小利益而不敢去触碰更加美好的未来。

屈某是公司的营销经理。上任前，公司的销售业绩平平，很多人都认为现在处于一个市场瓶颈期，没有什么好的市场机会可以利用。可屈某不这样认为，他上任后第一时间就了解了各类产品套餐，认真分析了当前的形势，最后找出了解决办法。他认为只有以积极的营销态度主动走出去找市场，才能有效地打破瓶颈，找到突破口，实现量的增收。因此，他启动了"抢滩"计划。

在工作中，他主动创造机会，全力进行宣传与营销。他首先发动家人，从家人入手，再借助家人的人际关系有效地向朋友圈延伸过去。同时，他加紧走访与联系，充分利用工作空闲、晚上和周末的时间积极、全方位地搞出击营销。功夫不负有心人，他的付出得到了回报。在别人看起来毫无生机的市场中，他创造了新增融合套餐27个、捆绑移动套餐28个的优异成绩。在他的带动下，大家都积极上门营销，取得了实效，"抢滩"计划首战告捷。

主动出击的精神，不但是要在失败的时候，积极地去调整和改变自己的人生，更主要的是主动去发现和创造自己的人生。由被动地受制于环境，受制于他人，变为自主、主动。机会是由积极主动所带来的。正是这种"有机会要上，没有机会创造机会也要上"的精神成就了成功的人生。

从上面两个不同的例子可见，积极的思想产生积极的行动，进而得到积极的结果；消极的思想导致消极的行动，进而得到消极的结果。与其消极等待，不如主动出击。优秀的人不会等待机会的到来，他们会主动寻找机会，把握机会，让机会为自己服务。人生就像一次攀登高峰的旅程，消极等待的人总会找到各种逃避的理由，只有那些主动出击、创造机会的人才会成功登顶。

主动出击是一种积极的生活态度。所谓"居安思危"，是说一个人要时刻保持一种危机意识。如果只是安于当下的生活，后果也许不堪设想。每一个人都必须对自己的生活负责，每个人都是自己命运的设计师。积极主动还是消极等待都是自己的选择，成功只有靠你自己的努力。上天是公平的，只有付出才能有回报，你只有艰辛地努力了，最终才能很好地享受人生。

你必须先是"千里马"，才有可能遇到"伯乐"

　　年轻人在求职的过程中，总是将自己比作"千里马"，期望能遇到善于识才的"伯乐"。如果没能成功，我们就会这样安慰自己："这个老板不识货""有眼不识金镶玉"。将自己比作"金镶玉"，是自信的表现。然而，一味安慰自己而不做出改变，只能算是弱者。你不先把自己变成"千里马"，又怎么可能遇到"伯乐"呢？毕竟，识才并不是一件很容易的事。你只有将自己的长处尽最大可能地展现出来，才能让面试官看到你的价值。因此，不要光喊口号不行动，先让自己变优秀，再心怀期待也不迟。

　　古往今来，人们都很重视环境对一个人的影响，"孟母三迁"的故事更是对这一说法的真实再现。有人说，"你遇见谁，你就是谁。"想必孟母也非常相信这一点，所以才三次不辞辛劳地变换住所，为的就是让年幼的孟轲能有良好的学习环境。毕竟，近朱者赤，近墨者黑嘛。皇天不负苦心人，孟子伴着书堂传来的读书声成为了亚圣。

诚然，"遇见谁，你便是谁"的确有一定的哲理性，但反之，"你是谁，便遇见谁"更具有反思意义。如果说前者重视的是环境对人的影响，那么后者则强调了自身的发展。只有我们自己强大了，才能遇见想遇见的机遇与贵人。此时，外部环境就是次要的了。

人们总是赞美伯乐的知人善任，认为他能够选出日奔千里的马，是世间少有的圣贤之人。可是却少有人称赞千里马的强劲有力、速度飞快。倘若千里马不能一日千里，即便让它遇见了慧眼的伯乐又有什么用处呢？没有强大的自身条件，再好的外部环境也于事无补。所以，我们何不说，因为它是千里马，所以才会遇见伯乐。因为是金子，所以才会发光。

你是谁，便遇见谁。只有我们自身变得强大，成为一个德才兼备的人之后，才有可能遇见伯乐，才能被那个具有慧眼的人发掘。自强才能遇见机会，而机会只留给准备好的人。此刻，那句"你遇见谁，你就是谁"所注重的环境论与自强相比，实在是微不足道。

三国时期，刘备三顾茅庐的故事早已家喻户晓，刘备的识才谦恭之心也的确值得人们学习。可是，如果诸葛亮不是个能安天下、做大事、才华横溢的人，又岂能遇见刘备？相传诸葛亮在隆中时，并不仅仅是在耕地，而是饱读军事兵法书籍，时时洞察天下大事，胸中早已储备了大量德才之竹。在刘备拜访他之前，诸葛亮已经是一匹上好的"千里马"，所以遇见"伯乐"刘备也是迟早的事。

如果你是一个德才兼备的人，你便会遇见你想要遇见的，可能是一个人，也可能是冥冥之中的一次机遇，自强者总是赢来胜利。

柏恩斯坦是19世纪著名的乐队指挥家，在他还是个默默无闻的副指挥时，有一次主指挥生病了，于是他的"伯乐"乐队领导便让他上台救场，结果他一举开创了"柏恩斯坦时代"。

假使柏恩斯坦在任副指挥时没有努力丰富自己的才华，就算领导让他上场，他也只会怯怯懦懦，又怎会神采奕奕地指挥完整场演出？

"你是谁，便遇见谁"，你只有先是"千里马"，才有可能遇见"伯乐"。只有自强，方能如金子般发光。

培养自己的预见能力

很多事情，不是我们做不到，而是没有在最合适的时机去做；好多投资的机会，我们并不是没有钱去投资，而是看到别人大把赚钱的时候，才懊悔自己当初为什么不投资。

中国的股市和楼市，让投身其中的人个人资产呈几何级增长，许多人一夜之间摇身一变就成了百万甚至千万富翁。随后大批的人和资金跟风涌入，导致全面炒股，地产烫手。遗憾的是，时过境迁，如今的股市和楼市，再也不是谁去了都能挖到金子的金山。

这情景像极了高考结束报志愿的时候，一些热门专业，大家挤破脑袋想往里钻。好不容易考上了，辛辛苦苦学了四年才知道，那些专业早已成了"屠龙术"，即使我们学得再精湛，也还是找不到"龙"。

别人考上研究生，找到了名企高薪的工作；而我们考上研究生，等就业的时候才发现自己根本没有想象中那么受欢迎，企事业单位对研究生不是挑三拣四就是不以为然，而与我们一起上大学、本科毕业就参加工作的人，已经混得风生水起，拿着不错的年薪了。

为什么有的人看起来总是很幸运，而有的人看起来总是很倒霉呢？我们明明有理想、有抱负，却总是运气欠佳。整天忙忙碌碌，却总是忙不到点子上；日日累得要死，赚的钱只能勉强糊口。

看看自己，既不是没知识，也不是不勤奋，却什么都没做成，还成了那个买单的人。如果真的存在上帝的话，估计自己也是个让上帝看着眼圈发蒙的人，不然他何以一直对自己说"NO"呢！其实一个人是贫穷还是富有，是幸运还是倒霉，其差别并不是没有机会，而是机会来临的时候，你能不能抓住。其中的关键，就是幸运的人比倒霉的人，富有的人比贫穷的人，多想了一点点而已。

这多出来的一点点思考是什么呢？是他们对未来的预见能力！

学校和公司让我们学到很多知识和经验，却没有让我们学到关系人生成败、决定和改变自己命运的预见能力。没有预见能力，我们就很难为自己的明天做准备，也认识不到等待多年的机会就在眼前而只能与它擦肩而过。

每年、每天、每时、每刻，社会都在不断发展变化，有些是偶然的，有些是必然的。如果我们能在身边的变化中处于主动地位，就能使自己立于不败之地。这就需要我们积极主动地培养自己的预见能力，对身边的事情做到先知先觉。在事情没有发生之前，多想一点，多做一点。

预见能力不是特异功能，也不是与生俱来的能力，它仅仅是人在生活中的感知能力、总结能力、判断能力的综合体现而已。我们完全可以通过在生活和工作中不断地磨炼，培养自己的预见能力。

做什么事情都要投入，用心琢磨，用脑思考，预见能力也一样。下面是10种培养预见能力的办法：

1.对自己想做的事情高度关注

一个人肯定有他非常想做的一件或者几件事情，在没有机会或实力不够的时候，只能等待。等待，不是什么都不做，而是时刻对所有关系到此事的消息都保持关注。这样，你才会知道自己应该做什么样的准备，等待什么样的时机。

2.如果不知道自己做什么合适，就要善于观察

世上无难事，只怕有心人。只要用心去感悟，改变命运，

也许只需要一年、一个月、一个机会就可以。

3. 寻找事物之间的共同性和差异性

世界上任何事物都不是独立存在的，它们之间总是存在直接或间接的关系，并有着共同性和差异性。

4. 对自己的能力高度自信

一个对自己能力不够自信的人，还谈什么预见呢?

5. 运用乘法思考

对一件事情关注久了，知道多了，掌握了发展规律，自然而然就能对即将发生的事情有自己的预见，这是水到渠成的事。

6. 关注别人的需要

知道别人需要什么，需要什么样的，需要多少，怎么才能更容易满足他们，便能预见自己应该做什么，应该怎么做。任何需要都是我们预见的前因。不知道别人需要什么，任何预见都是纸上谈兵。

7. 利用好自己的逆境

任何人、任何事，都不会一帆风顺，有时候我们身处逆境，更有利于我们思考过去，总结原因，甚至看清自身的弱点、对手的优势和短板。遭遇一次逆境，就是一次培养自己预见能力的机会。

8.利用别人的失败经验教训

吃一堑，长一智。这堑未必非得自己吃，但智还是要自己长的。有智，自然能增长自己的预见能力。

9.保持良好的精神状态和充沛的体力

一个人对事物的机敏程度、反应是否迅速，和他的精神、身体状态有直接关系。身体健康，精神饱满，思维就会一直处于非常活跃的状态，对信息反应强烈，处理迅速，能多角度、多层次地分析问题。

10.多和专家接触

在某一方面有着专业知识的人，对属于其研究范围内的问题，有独到的见解。闻君一席话，胜读十年书。很多我们百思不解的问题，专家一点拨，就会让我们顿悟。

你对工作负责，就是对自己负责

松下幸之助曾说："责任心是一个人成功的关键。对自己的行为负责，独自承担这些行为的哪怕是最严重的后果，正是这种素质构成了伟大人格的关键。"事实上当一个人养成了尽职尽责的习惯后，无论从事任何工作都会从中发现工作的乐趣，并在这种责任心的驱使下，使自己的工作能力和成功几率大幅度提高。

小张是一名毫不起眼的理发师。他的理发店在街角最不起眼的地方，但却整天顾客盈门。理由很简单：店里有一位很好的理发师，他总能把顾客的头发剪出最好的效果。如果能够拥有一个好发型和一份好心情，在路上多花一点时间又有什么关系呢？不仅如此，他的客人还向自己的家人和朋友推荐这家理发店。久而久之，小张的理发店声名远播，成为这个城市中首屈一指的理发店。

在这个过程中，小张招收了一批学徒。每次教授技艺的时候，小张总是不忘说这样一句话：记住，你要对自己的每一剪子负责。这句话也是小张正式做学徒的那天师傅对他说的话。

因为这句话，小张对工作的态度近乎偏执。有一次，一位有钱的客人来店里理发。小张告诉对方，整个剪发过程大概需要40分钟。对方没有异议。可是，剪到30分钟的时候，这位客人突然接到一个电话，得马上走。小张却说：必须把头发剪完才能走，不然会影响到整体的效果。客人很生气，但是小张仍然不肯放他走，并且再三强调要为自己的工作负责。客人没办法，只好留在店里把头发剪完。

半年后，那位客人又来了，这次，他笑眯眯地对小张说："上次因为在你这里剪头发而耽误了生意，我曾发誓再也不来这里剪发了。但后来发现其他理发店剪出来的效果都没有这里好。现在，我和我的朋友们只认你这一家理发店。"

工作就意味着责任。每个职位所规定的工作任务就是一份责任。你从事这份工作就应该担负起这份责任。一个人责任感的强弱决定了他对待工作是尽心尽责还是敷衍了事。如果你在工作中，对待每一件事都是尽职尽责，出现问题也绝不推脱，那么你将赢得足够的尊敬和荣誉。

在生活中，人们常常认为只要准时上班、按时下班、不迟到、不早退就是对工作负起责任了，就可以心安理得地去领工资了。其实，仅仅做到这些，远远不够。一个人无论从事何种职业，都应该心中常存责任感，尊重自己的工作，在工作中表现出忠于职守、尽心尽责的精神，这才是真正的敬业。

社会学家戴维斯说："放弃了自己对社会的责任，就意味着放弃了自身在这个社会中更好的生存机会。"当你对工作充满责任感时，就能从中学到更多的知识，积累更多的经验，就能从全身心投入工作的过程中找到快乐。这种习惯或许不会有立竿见影的效果，但可以肯定的是，当懒散、敷衍成为一种习惯时，做起事来往往就会不诚实。这样，人们最终必定会轻视你的工作，从而轻视你的人品。

责任感是人们战胜工作中诸多困难的强大精神动力，它使人们有勇气排除万难，甚至可以把"不可能完成"的任务完成得相当出色。一旦失去责任感，即使做自己最擅长的工作，也可能做得一塌糊涂。

或许有人会说，自己只是一名普通员工，只要把事情做完就行了，对公司怀有责任感那是管理人员需要关心的事。事实上，企业是由众多员工组成的，或许因为分工不同、岗位不同，职责也不尽相同，但每一个人都负载着企业生死存亡、兴衰成败的责任，因此无论职位高低都必须具有很强的责任感。

你对工作负责，就是对自己负责。一个对工作缺乏责任心的人，是很难有长远的发展空间的。

只有你先对工作负责，才有可能被赋予更多的使命，赢得更大的机会和荣誉。

对待工作，是充满责任感、尽自己最大的努力去完成任务，还是敷衍了事，这一点正是事业成功者和事业失败者的分水岭。事业有成者无论做什么，都力求尽心尽责，丝毫不敢懈怠；而对工作不负责任者无论做什么，都轻率、疏忽，一遇到问题就找借口推脱。这就是两者最大的区别。

作为现代社会的一分子，面对日益激烈的竞争，无论从事何种工作，对工作缺乏责任心，无异于给自己贴上一枚"失业"的标签。要知道，在职场中容不得半点儿不负责任，你若不对自己和自己的工作负责，怎么祈求别人对你负责呢。

记住，对工作负责，就是对自己负责。

决定人生成败的 12 种素质

在这个竞争异常激烈的时代，实力和人脉决定着一个人的成败。实力和人脉来自哪里呢？实际上，这些都取决于一个人的素质。

一个人的素质，按生理分为身体素质和心理素质，按时间分为先天素质和后天素质。具体来说，就是一个人为人处世的特性。

生活中不乏这样的人，一生中一直苦苦奋斗，但还是收获寥寥、默默无闻，整日为了简单的生计而忙忙碌碌。而有的人，似乎给点光就灿烂，浇点水就疯长，在任何团队里都能脱颖而出，成为同龄人的佼佼者。其关键原因，就是因为每个人的素质不同，所以造就了不同的人生。

一个人的素质，从幼儿时期就应该加以培养和修炼，这主要依靠我们的父母。但当我们成年以后，一切都要靠自己了，包括素质的修炼和培养。

有些年轻人，对人生的态度是积极的，他们不是不想做什么，而是不知道该怎么做，该做什么。没关系，只要你想做，认真阅读下面决定人生走势的12种素质，看你能做到几点或是努力学习你目前尚不具备的优秀品质。

1. 善于学习

在如今这个日新月异的时代，每天的知识都在不断地更新，这就需要我们去了解和掌握。

没有庞杂、系统的知识做支撑，我们就不能对不断出现的新事物、新现象进行正确的预见和判断。所以，学习和思考应该成为一种自动自发的好习惯。

2. 把一门专业知识掌握到精深的程度

什么事都能做但都做不精，肯定不如只会做一件事但能把这件事做到极致的人。所谓"千招会不如一招绝"，一个人只要在一个行业的一个环节做强、做精、做透，成为高人一等的专业人士，那么他愁的就不再是赚钱的机会，而是时间和精力。

3. 正确确定自己努力的目标

不知道自己该做什么的人，永远都不会成功。一个人必须知道自己想要什么，该去学习什么，该怎么得到自己想要的，才有可能获得成功。

4. 对社会的反应能力

每个人对社会的反应能力是不一样的，需要在后天不断地锻炼：（1）认识并结交各个圈子里的人；（2）关注各个行业里发生的事情的起因、经过和结果；（3）善于归纳、总结和分析；（4）摸准时代的脉搏。

5. 能高质量地完成自己负责的工作

工作对一个人的素质有提高和完善的作用，也有以下四点要求：（1）明确工作的目的和想要的结果；（2）敢于打破常规寻找简捷有效的工作方法；（3）良好的组织、沟通、调动才能；（4）拥有承担责任的决心、忘我工作的勤奋。

6. 领导能力和决策能力

知道自己怎么做是能力，知道让团队怎么做是艺术。年轻人不但要学会管理自己，也要学会管理别人。学会自己怎样为别人做事，更要学会怎样让别人来为自己做事。

7. 高超的创造能力

谁能创造，谁就能领先。在竞争日益白热化的时代，创造和创新才是制胜的法宝，不断创造的人才是常胜将军。

培养创造力，要在四个方面下功夫：（1）了解消费者的需要；（2）增加自己知识的宽度、厚度和高度；（3）保持思维高度活跃和准确捕捉信息；（4）敢想也敢实践。

8. 辨别是非的能力

对的永远是对的，错的永远是错的，但对错常常是交织在一起的，特别是整个环境里对错颠倒的时候，我们要能坚持自己的信念，肯定自己的做法，不去怀疑值得自己信赖的人。

9. 不要轻易否定自己

每个人都会从自己的利益角度去看问题，如果我们的行为牵扯到对方的利益，对方就会从各个角度对你的行为加以否定。善意的规劝、粗暴的阻止、强烈的干涉……反正他们会通过各个渠道，施展各种手段把我们放到他们满意的位置上。

做事要坚持，更要坚定。一旦自己认为是正确的，就别把别人强加的负担放在自己的肩头。没人真正为你的人生买单，哪怕是你的父母。

10. 培养自己良好的口才

这是一个重沟通、表达、传播的时代。好马看腿，能人看嘴，酒香也怕巷子深。要想改变别人，让别人接受自己的看法、想法和做法，获得别人的支持，表达和沟通是最重要的武器。只有让更多的人知道你的能力和本领，你才会有更多的平台和机会。能说、会说、说到位，这是成大事的人必备的能力。

11. 尽自己最大的能力回报社会

作为社会中一分子，只有社会富有、和谐，我们才能更多地拥有财富。营建和谐、稳定的社会，是每一个公民义不容辞的责任和义务。时刻持有感恩的心，尽自己最大的力量帮助应该帮助的人，才是我们活着的真正意义。

12. 祈祷一点好运气

运气，还是要相信的。没有好运气，再多努力也枉然。但是运气不会平白无故地光顾一个人，它需要你为之去努力、去奋斗啊。

学会与不同性格的人交往

大千世界，每个人的性格都是不同的，大多数人都喜欢和自己性格相近的人相处，这是很正常的。一个人要和所有人成为朋友那是不切实际的也是不可能的。但是，我们必须学会和各种不同性格的人相处，那样对我们的工作、学习以及人际关系都会有极大的帮助。这就需要我们花大力气，下足功夫。

那么，怎样和不同性格的人相处呢？

1. 死板的人

这种人往往我行我素，对人冷若冰霜，尽管你客客气气地与他寒暄、打招呼，他也总是爱搭不理，很难做出你所期待的反应。所以，在与这类人打交道时，应该花些功夫仔细观察，注意他的一举一动，从他的言行中，寻找出他真正关心的事来，一旦你触及到他所热心的话题，对方很可能马上会一扫往常那种死板的表情，而表现出相当大的热情。

2.傲慢无礼的人

有些人往往自视甚高、目中无人，表现出"唯我独尊"的样子，与这种举止无礼、态度傲慢的人打交道，实在是一件令人难受的事情。如果真的不得不与这种人打交道，我们又该如何应对呢？首先，尽可能地减少与其交往的时间，在能够充分表达自己的意见和态度，或某些要求的情况下，尽量减少让他表现自己傲慢无礼的机会；其次，语言简洁、明了，尽可能用最少的话清楚地表达你的要求与问题，让对方感到你是一个很干脆的人；最后，你还可以邀请这种人去跳舞、聊家常、唱歌等，而当对方一旦在你面前表现出其生活的原色之后，在以后的交往中，他往往不会再对你傲慢无礼。

3.沉默不语的人

和"闷葫芦"在一起，人们总会感到沉闷和压力，特别是对那些性格比较外向、活跃的人，更是觉得难受。在这种情况下，有些人为了活跃气氛，便故意找些话题来说，其实这是没有必要的，因为对于沉默寡言的人来说，他们之所以这样可能是内向有某种心事而不愿多言，这时你应该尊重对方想要安静的心境。如果你故意没话找话，只能引起对方的反感、厌恶，很可能适得其反。

4. 自私自利的人

自私自利的人尽管特别注重个人的得失和利益，但是他们也往往会因利而忘我地工作，所以我们不必对他们有太高的期望。与这类人交往可以仅仅是一种交换关系，干多少活，给多少钱；干得好坏不同，钱也不一样。

5. 争胜逞强的人

这种人狂妄自大，自我表现欲非常强烈，总是力求证明自己比别人强。当遇到竞争对手时，总是想方设法地胜过别人，力求在各方面占上风。对这种人，虽然人们内心不认同，但为了顾全大局，为了不伤和气，往往事事迁就他。实际上，对这样的人，不能一味迁就，而应在适当的时候，有必要以适当的方式打击一下他的傲气，使他知道天外有天，山外有山。

6. 狂妄的人

他们实际上并没有多少学问，往往是自我吹嘘、夸夸其谈，他们所表现的高傲、不屑一顾等神态，实际上是一种心灵空虚的补充剂。与这些人相处的方式实际上很简单，你只要比他懂得更多，比他更专业就行了，以后的交往便会轻松许多。

7. 搬弄是非的人

不要以为把是非告诉你的人便是你的朋友，他们很可能是希望从中得到更多的谈话材料，从你的反应中再编造故事。所以，聪明的人不会与这种人推心置腹。

8. 性情急躁的人

遇上性情急躁的人冒犯你，可要严肃对待，一定要保持头脑冷静，可以暂时置之不理，有时瞪他一眼就够了，有时一笑置之则可。

9. 城府深的人

他可能是一位工于心计的人，这种人为了在与别人打交道时获得主动，或者出于某种目的不愿让别人了解自己，而把自己保护起来。这种人，你可以敬而远之。如果实在避无可避，务必小心谨慎。

俗话说，一把钥匙开一把锁。跟不同性格的人打交道，也要区别对待。这不是那种见人说人话、见鬼说鬼话的世故圆滑，也不是那种逢场作戏的玩世不恭。我们说的待人有别，是要看到性格不同的人有他自身的特点，要针对这些特点采取因人而异的恰当态度。

要想达到与不同性格的人和睦相处的目的，就应该具有一种宽容、平和的心态，对别人要用一种客观、公正的眼光看待，多看看对方的长处，对于对方的短处要能容忍，并极力帮助对方去改正。

良好、和谐的人际关系会对你的工作、学习以及生活各方面带来极大的帮助，会为你的成功增添更重的砝码。

打造你的个人独特品牌

如今的职场越来越关注"职业质量"，在跳槽成为习惯的时代，谁也不会永远属于一家单位或一个职位，"裁员风暴"很可能席卷而过。那么，如何稳坐钓鱼台，在职场中立于不败之地呢？答案似乎只有一个：建立有"职业质量"的个人品牌。

职场就是战场，你的"职业质量"决定着你的受欢迎程度。

21世纪是品牌时代，管理学家指出，在职场中越快建立自己品牌的人，越有可能成为让老板和同事记住的人。你要让别人提到你的时候，快速想起你与众不同的特点，比如你的业务能力、你的亲和力等。我们都知道，现在的职场是用人单位和求职者双向选择的结果，如果你在职场中拥有自己独特的品牌，自然就会遇见更多的机会，从而获得更大的发展。

　　个人品牌就是个人在特定工作中展现出的独特的、非同一般的价值。简单来说，就是一个人必须拥有高质量的业务能力和高品质的人格魅力。这是打造个人品牌的基本要求。此外，这个品牌还要有稳定性和可靠性，也就是说你必须保证你的做事态度和个人能力稳定发挥，能给企业带来效益，要让人相信一件事交给你，对方完全可以放心。

　　小蔡就职的公司因为经济效益不好，已多次裁员，但他却"岿然不动"，因为他不但学历高、技能好，为人也很好，用老板的话讲是"忠诚度高""经久耐用"。这就是个人品牌的影响力。可见个人品牌最基本的特征就是"保证质量"，这一点跟产品品牌一样。它具体体现在两方面：一是业务技能上的高质量，二是人品质量。也就是说，只有有才又有德的人才有可能形成自己的独特品牌。

　　秦先生是一家律师事务所的负责人，事务所被他经营得有声有色，常常门庭若市。原因只有一个，秦先生敢于仗义执言。因为这一点，秦先生在律师界内外的口碑都不错，"打官司，找秦先生"已成为许多人遇到麻烦事时默认的首选。

　　一个人的个人品牌不是自封的，而是被大家公认的。一个人一旦有了自己的独特品牌，他跟职场的关系就会发生根本性的变化。比如秦先生，他就是成功塑造个人职业品牌的一个典型例子。

对于大公司的职业经理人来说，个人品牌是其职业发展的助推器，借助它你可以更快升迁，平步青云。实际上，升迁路上的竞争从某种程度上来说，就是彼此的个人品牌之争，最终胜出的必定是拥有良好个人品牌的那个人。

有很多经验丰富、业务能力强的经理人找不到合适的工作，并不是因为他们缺乏独特的能力，而是他们没有将自己的优势整合成品牌统一起来。

在竞争激烈的今天，仅有一份漂亮的简历是行不通的。对于有一定影响力的公司CEO来说，个人品牌甚至会影响公司股票价格。这就是为什么杰克·韦尔奇时代的通用电气股市能够获得投资者的追捧，罗伯托·古兹塔在位时可口可乐的股票一直不断地升值的原因。

那么，要如何建立自己的个人品牌呢？

1. 要进行"品牌定位"

一般，大企业创造品牌采用的都是特色—利益模式，即企业思考它所提供的产品或服务的特色，能为客户带去什么特殊的利益。这套方法用在个人建立品牌形象方面同样适用。

2.打造精湛的专业技能

强大的工作技能是个人品牌的核心力量。精湛的专业技能是个人品牌建立的重要元素。"个人唯有专精，才能生存，否则别人挑梦幻团队队员，不会想到你。"彼得·德鲁克在最新的著作中指出：现在个人专长的寿命，比企业的寿命长。如何将自己的技能和工作的风格形成一个特色，具备不可替代的价值，是建立个人品牌的关键。

3.持续的学习

个人品牌有个积累和培养的过程。初入职场的人，自然没有品牌可言，只有在工作中，以自己的努力和特有的价值获得认可才能被老板和同事认同，继而被业界认同。在这个过程中，个人需要不断学习新知识，补充新内容。

建立个人品牌对于自我价值的实现尤为重要，其成功的概率也远远大于那些缺少个人品牌的人。而且，个人品牌一旦形成后，就具备了一定的品牌效应。或许之前是你去找用人单位求职，而现在就是用人单位冲着你的品牌形象来找你了。个人发展的选择机会增加了，个人的品牌价值也随之提高。

同时，个人品牌需要小心维护。因为它建立起来很难，将其破坏掉却很容易。在这里，需要提醒职业经理人注意的是，如果你想打造自己职业生涯的品牌形象，在卸职之后，不说之前企业的坏话是非常重要的，因为这会直接影响到你的下一份工作，影响到用人企业对你的印象。

像一家企业一样，个人一旦建立了品牌，工作就会事半功倍。

Chapter 3

30 岁，学会控制情绪，才能变得成熟

　　如果不能改变风的方向，就想办法调整风帆；如果不能改变事情的结果，就改变自己的心态。就像拿破仑所说："能控制好自己情绪的人，比能拿下一座城池的将军更伟大。"先控制情绪，再做好事情。

张弛有度，宠辱不惊

当今社会，生活节奏不断加快，"时间"似乎对每个人都不留情面。于是，超负荷的工作成了很多人的常态。

小华在一家知名外企工作，还不到30岁呢，就怀疑自己得了健忘症。和客户约好了见面时间，可刚放下电话就搞不清到底是10点还是10点半；说好一上班就给客户发传真，可一进办公室忙别的事就忘了，直到对方打电话来催……自从半年前进入公司后，小华感觉自己整天像陀螺一样天旋地转地忙碌，让她越来越难以招架，快撑不住了。"那种繁忙和压力是原先无法想象的，每人都有各自的工作，没有谁可以帮你。我现在已经没什么下班、上班的概念了，常常加班到晚上10点，把自己搞得很累。有时想休假，可假期结束后还有那么多的活儿，而且因为休假，手头的工作会更多。"她无奈地向朋友诉苦。

在实际工作中，类似于小华这种情况时常发生，尤其是外企高薪的工作人员，更是整天精神紧绷。

据有关统计，在美国，有一半成年人的死因与压力有关；企业每年因压力遭受的损失达1500亿美元——员工缺勤及工作心不在焉而导致的效率低下。

在挪威，每年用于职业病治疗的费用达国民生产总值的10%。

在英国，每年由于压力造成1.8亿个劳动日的损失，企业中6‰的缺勤是由与压力相关的不适引起的。

生活每天都有干不完的事。如果我们天天为工作疲于奔命，最终这些让我们焦头烂额的事情也会超过我们所能承受的极限。这时，我们不妨试着改变自己。当我们下班赶着回家做家务时，不妨提前一站下车，花半小时慢慢步行，到公园里走走，放松一下。或者什么都不做，什么也不想，只是单纯地看看身边的景色。

记得有一位网球运动员，每次比赛前别人都去好好睡一觉，然后去练球，他却一个人去打篮球。有人问他："为什么你不练网球？"他说："打篮球我没有丝毫压力，觉得十分愉快。"对于他来说，换一种心态，换一种运动方式，就是最好的休闲。

社会前进的脚步越来越快，我们也不得不疲于奔命。去海滨、名山休假不是每个人都能办到的，但学会忙里偷闲，做片刻休息，则人人都能做到。

《小窗幽记》中有这样一副对联："宠辱不惊，看庭前花开花落；去留无意，望天空云卷云舒。"这句话的意思是说，为人做事能视宠辱如花开花落般平常，才能不惊；视职位去留如云舒般变幻，才能无意。

现在的人大多觉得活得很累，尤其是30岁左右的年轻人，不堪重负。大家很是纳闷，为什么社会在不断进步，而人的负荷却更重，精神越发空虚，思想异常浮躁了呢？的确，社会是在不断地进步，文明也在不断地前进。然而，人与自然也日益分离了。人类以牺牲自然为代价，其结果便是陷于食宿的泥淖而无法自拔，追逐于外在的礼法与物欲而不知什么是真正的美。

一副对联，寥寥数语，却深刻道出了人生对事、对物、对名、对利应有的态度：得之不喜、失之不忧、宠辱不惊、去留无意。这样才可能心境平和、淡泊自然。

北京大学前任老校长马寅初，因其"新人口论"蒙冤获罪，遭到专横无理的批判，终被革职。当他的儿子把革职一事告诉他时，他只是漫不经心地"噢"了一声。后来拨乱反正，仍是他的儿子告诉他平反的喜讯，马老也只是轻轻地"噢"了一声。外表看似静若止水，内心却涌动着机敏与睿智，这是何等难能可贵啊！

宠辱不惊说起来容易，做起来却十分困难。我们都是凡夫俗子、草根百姓，红尘的多姿、世界的多彩令大家怦然心动，名利皆你我所欲，又怎能不忧不惧、不喜不悲呢？否则也不会有那么多的人穷尽一生追名逐利，更不会有那么多的人失意落魄、心灰意冷了。

人活在世上，总想比别人有钱，比别人有势，也因此惹是生非，种下苦根。于是聪明人意识到了这一点，把"宠辱不惊"视为一种境界。只有做到了宠辱不惊方能心态平和、恬然自得，方能达观进取、笑看人生。

能屈能伸、刚柔并济，方为大丈夫

古往今来，能成大事的人一定是能屈能伸、刚柔并济的人。人生处世有两种境地：一是逆境，二是顺境。在逆境中，困难和压力逼迫身心，这时就应明白一个"屈"字，委曲求全，保存实力，以等待事情的转机；在顺境中，时机和环境皆有利于我，这时就应明白一个"伸"字，乘风万里，扶摇直上，以顺势更上一层楼。

三国时期，魏国官吏王昶曾经训诫他的子孙："屈以为伸，让以为得，弱以为强。"意思就是说：若能以暂时的委屈作为伸展，以暂时的退让作为获得，以暂时的懦弱作为强大，就没有办不到的事。

楚汉相争的时候，刘邦与项羽争夺天下，势均力敌。刘邦借助大将韩信一统天下。韩信小时，曾受过乞婆的喂养，受到当地人的嘲笑。有一天，他在逛街，从对面走过来几个当地最不好惹的地痞流氓。他们截住韩信嘲笑他"漂母食"，并且要求韩信从他们的胯下爬过去，要不然就把他打死。韩信想了一会儿，便伏下身去从他们的胯下爬过去，拍拍灰尘离去。那些地痞流氓哈哈大笑，说韩信是个胆小怕事的人，不能做出什么大事。后来韩信发奋，学得一身兵法，军事才能无人能及，被萧何引见到刘邦帐下，就这样做了大将军，成就了自己的一番事业。

如果当初韩信一气之下和那些流氓死拼的话，历史上将不会出现一个叱咤风云的大将军，只会多一个没有名气的枉死鬼。在常人看来，胯下之辱让人不堪忍受，是奇耻大辱。而韩信却忍受了，这是何等的胸襟和气魄！

大多胸怀大志，打算轰轰烈烈干一番事业的人，都能屈能伸。这就犹如一个矮小的人，要登高墙，必须要借助一架梯子作为登高的台阶，假如一时寻找不到梯子，那么，即使旁边有一个马桶，也未尝不可利用作为晋身的阶梯。

从做人说起，大丈夫应该有刚有柔。如果一个人太过刚强，遇到事情就容易不顾后果，迎难而上，这样的人会比一般人遭受更多的挫折。人生苦短，能忍受几多挫折？反之，如果人太过柔弱，遇到事情则会优柔寡断、错失良机，难成大事。

所以，做人要能屈能伸、刚柔并济。

富兰克林小时候到一位长者家里去拜访，去聆听前辈的教诲。没料到，他一进门头就在门框上狠狠地撞了一下。身材高大的富兰克林疼痛难忍，不停地用手指揉着自己头上的大包，两眼瞪着那个低于正常标准的门框。出门迎接的长者看到他那副狼狈不堪的样子，忍不住笑起来："年轻人，很痛吧？"这位长者语重心长地说："这可是你今天来这儿的最大的收获。"

一个人要想在世上有所作为，"低头"是少不了的。低头是为了把头抬得更高、更有力。现实世界纷纭复杂，并非想象得那么一帆风顺，面对人生旅途中一个个低矮的"门框"，暂时的低头并非卑屈，而是为了长久的抬头；一时的退让绝非是丧失原则和失去自尊，而是为了更好地前进。缩回来的拳头，打出去才有力。只有采取这种积极而且明智的初始方法，才能审时度势，通过迂回和缓而达到目的，实现超越。对这些厚重的"门框"视而不见，傲气不敛，硬碰硬撞，结果只能是头破血流。

富兰克林终生难忘前辈的忠告，将"学会低头，拥有谦逊"作为自己生活的准则和座右铭，并且身体力行，后来终成大器，卓有建树，被誉为"美国之父"。

不经风雨，不成大树；不受百炼，难以成钢。越王勾践兵败被俘，若非有一腔复国之志，卧薪尝胆，又何以"飞举跨苍龙"，以三千越甲吞泱泱之吴国？当今饮誉全世界，让无数人一度为之倾倒的篮球巨将迈克尔·乔丹，在中学时代曾被认为是一名"没有希望的运动员"，但他认定了那激扬飞越的篮球，当起了别人不屑于干的"场外球员"。若不是他能屈能伸，怎么会有这位被称为"即使上帝穿上球衣也无法拦住他"的迈克尔？

大丈夫随时势能屈能伸，柔顺如同薄席可卷可张，这不是出于胆小怕事，而是做人处世要灵活，不能固执己见。一件事情可能包括方方面面的矛盾，每一个矛盾都会影响到整个事情的发展。如果一个人偏执、顽固，缺乏通融，不仅化解不了人与人之间的各种矛盾，反而会使矛盾激化，最后导致令双方不满意的结果出现。因此，做人要刚柔并济，能刚能柔，能屈能伸，当刚则刚，当柔则柔，屈伸有度，方为大丈夫。

宽容和豁达是智者的大度

人有一分宽容，便有一分气质；有一分气质，便多一分人缘；多一分人缘，便多一条路；多一条路，便多一分事业。虽然器量是天赋的，但也可以在后天学习、培养。我们阅读历史，多少名人圣贤，不是赞其功业，而是赞其器量。所以器量对人生的功名事业，至关重要！有器量的人在为人处世上的表现就是宽容和豁达。

古今中外因豁达、开朗、宽容、谦让的品德而获得他人的友情、爱戴，或者消除仇恨、恩怨的例子数不胜数。

春秋五霸之一的楚庄王，有一次宴请群臣，要大家不分君臣，尽兴饮酒作乐。正当大家玩得高兴时，一阵风吹来，灯火熄灭，全场一片漆黑。这时，有人乘机调戏楚庄王的爱姬，爱姬十分机智，扯下了这个人的冠缨，并告诉楚庄王："请大王把灯火点燃，只要看清谁的冠缨断了，就可以查证谁是调戏我的人。"群臣听罢，顿时乱成一片，以为定会有人丧命。可是，楚庄王却宣布："请大家在点燃灯火之前都扯下自己的冠缨，谁不扯断冠缨，谁就要受罚。"

当灯火再燃起来的时候，群臣都已经拔去了冠缨，调戏爱姬的人自然无法查出。大家都松了一口气，又高兴地娱乐起来。

两年以后，晋军进攻楚。这时，一名将领勇往直前，杀敌无数，立了大功。楚庄王召见他，并赞扬他说："这次战斗，多亏了你奋勇杀敌，才能打败晋军。"这名将领泪流满面地说："臣就是两年前在酒宴中调戏大王爱姬的人，当时大王能够重视臣的名誉，宽容臣的过错，不处罚臣，还给臣解围，这使臣感激不尽。从那以后，臣就决心效忠大王，等待机会为大王效命。"

任何一个想成就一番大事的人，在与他人交往的时候，都必须克己忍让、宽容待人。如果都像《三国演义》中的周瑜那样心胸狭窄，总是产生"既生瑜，何生亮"的思想，又如何能与人合作呢？

世界由矛盾组成，任何人或事情都不会尽善尽美。宽大为怀，以大局为重，不计较个人的得失，这是豁达的表现，更是一种人生的至高境界。在遇到矛盾或自己受到不公平待遇时，智者常常会说："没关系，我知道你不是故意的……""人都会有失误，你不必自责……"这种宽容、豁达的境界，总会赢得人们的赞赏和拥护。

一个心胸豁达的人，其思维习惯有时会显于外表，表现为以幽默的方式摆脱困境。

德国大文学家歌德有一次在魏玛一个公园的小路上散步。那条小路很窄，偏偏遇上了一个对他心存敌意的评论家。他们都停下来看着对方。评论家开口了："我从来不会给一个傻瓜让路。"

"但我会。"说完，歌德退到一旁。

豁达的人在遇到困境时，除了会本能地承认事实，摆脱自我纠缠之外，还有一种趋乐避害的思维习惯。这种趋乐避害，不是为了功利，而是为了保持情绪与心境的明亮与稳定。这也恰似哲人所言："所谓幸福的人，是只记得自己一生中满足之处的人；而所谓不幸的人，是只记得与此相反的内容的人。"每个人的满足与不满足，并没有太多的区别差异，幸福与不幸福相差的程度，却会相当巨大。

一个身经百战、出生入死、从未有畏惧之心的老将军，解甲归田后，以收藏古董为乐。一天，他在把玩最心爱的一件古瓶时，不小心差点脱手，吓出一身冷汗，他突然若有所悟："为什么当年我出生入死，从无畏惧，现在却会吓出一身冷汗？"片刻后，他悟通了——因为我迷恋它，才会有患得患失之心，破了这种迷恋，就没有东西能伤害我了，遂将古瓶掷碎于地。

世界上最大的是海洋，比海洋更大的是天空，比天空更大的是人的胸怀。在某种重要的关头，它可以关系到事业的成败。古语说"小不忍则乱大谋"，就是这个意思。因此，我们在生活中要培养豁达的性格，使自己心胸更宽阔些。

你的情商决定着你的人际关系

"情商"这个概念的盛行，来自心理学家Daniel Goleman。它是一种能力，能让我们识别自己和他人的情绪和感受，利用情绪的信息来指导思维和行为，以及管理和调整情绪以适应环境。

人际交往能力是情商的一个重要部分，但绝不等同于"善于交往""成功""招人喜欢"这么简单。它包括在社会交往中的影响力，倾听与沟通的能力，处理冲突的能力，建立关系、合作与协调的能力，说服与影响的能力，等等。

钢铁大王及成功学大师卡耐基经过长期研究得出结论："专业知识在一个人成功中的作用只占15%，而其余的85%则取决于人际关系。"所以说，无论你从事什么职业，学会处理人际关系，掌握并拥有丰厚的人脉资源，你就在成功路上走了85%的路程，在个人幸福的路上走了99%的路程了。

　　情商的水平不像智力水平那样可用测验分数较准确地表示出来，只能根据个人的综合表现进行判断。在人际关系中，一位高情商者可以游刃有余地影响自己的上级、下级、朋友、同事，以及其他他想影响的人，从而成就自己。

　　心理学家还认为，情商水平高的人具有如下特点：社交能力强，外向而愉快，不易陷入恐惧或伤感，对事业较投入，为人正直，富于同情心，情感生活较丰富但不逾矩，无论是独处还是与许多人在一起时都能怡然自得。而上述社交力强等现象正是人际关系的表现。由此看来，情商的确影响着人际关系。

　　所以，我们有必要拥有一定的情商来与他人更好地沟通、交往。

　　高情商的人在做事时很会注重别人的感受，在他们的观念里，共赢或多赢是一种分享，一种基于互敬、寻求互惠的思考框架与心意，目的是双方都获得更丰盛的机会、财富及资源，而不是敌对式的残酷竞争。

　　美国有一个农场主，由于掌握了科学的栽培方法和技术，他的庄稼总是长势比别人好。但令人不解的是，他经常把自己辛苦培育的良种无偿送给邻近农场的农场主们。面对大家的猜疑，农场主笑着说："我这样做并不是毫不利己、专门利人，其实这对我自己也有很大的好处。因为无论我农场里的种子有多优良，但如果附近农场充满劣质的品种，它们的花粉难免会随风飘落到我的农田里，而我的作物受粉后质量就会下降。我把我最好的品种给他们，我的庄稼的品质才能得到保证。另外，别人有了跟我一样好的种子，就会不断地激励我再去努力革新和改良，这就给了我持续进步的压力和动力，让我始终保持领先的地位。"所以，高情商的人总是很有人缘，很讨人喜欢，生活中处处有亲人。

高情商的人最大的一个特点就是很善于控制自己的情绪，对于突发事件可以用一颗平静的心和冷静的思考来做出反应，不会因为自己的坏情绪而出口伤人和给人难堪。

俗话说"合作不成情义在，生意不成人情在"。在现代人际交往中，由于各自的立场、观点、利益要求不同，达不成交易，走不到一起，是很正常的事。这时，我们应当尊重、理解、宽容对方，珍惜双方之间的缘分。

高情商的人非常讲信用、守承诺，说话、做事都非常诚实，对朋友也很真诚。他的人生信条里有一句话叫"宁可人先负我，不可我先负人"，别人会非常拥护、尊敬以及爱戴他。

高情商的人会做好细节，让别人和他相处或者共事的时候感觉非常愉快、舒服。当他与别人接触的时候，常常会很快找到别人身上的优点；当别人做错事情的时候，他的第一反应不是如何把别人批评一顿而是考虑如何在不打击别人自信心的状态下让他下次做得更好；他说话很善于保护别人的自尊心和鼓励别人。

高情商的人把感情和友谊看得比金钱重得多，他相信人性是善良的，他不会轻易伤害一个人也不会轻易去破坏好的氛围包括环境，他会做一个社会的我而不是仅仅做一个自我。

所以高情商的人，很容易让人对他们产生信任和依赖，通常人际关系都比较广，别人愿意和他们做朋友，而他们也能交到真正的朋友。

社会的发展与进步，改变了人们的思想观念，使人际关系呈经济化、社会化、多元化发展。如何加强个人情商的培养，正确处理人际关系，满足社会人群各方面的需要，显得比以往任何时候都更加重要。因此，我们在平时的生活中要特别注重培养自己的高情商，以助于拥有好的人际关系。

微笑是传递美好的通行证

有这么一副对联："眼前一笑皆知己，举座个无碍目人"，说的是微笑的魅力。的确，就像人们很难拒绝阳光一样，没有人能轻易拒绝一个笑脸。微笑是人与人之间交际的一股温暖的风，是全世界都有效的通行证。

在2006"梦想中国"成都赛区的选拔赛上，一位选手面对李咏、孙悦等三位近乎于苛刻的评委，面带微笑地唱完歌曲之后，三位评委一致给出了直接通行证。李咏问她："你知道我们为什么给你直接通行证吗？"那位选手疑惑地摇了摇头。李咏微笑着告诉她，因为她从进场开始演唱一直到结束，始终面带迷人的微笑，正是她的微笑让三位评委做出了这个决定。

这就是微笑的魅力。或许这位选手原本进不了成都赛区的前三强甚至前二十强，但她的微笑已为她自身的价值增加了砝码。谁不喜欢笑？笑是上帝赋予人类的一项特权，真诚的微笑可以拉近人与人之间的距离。

试想，当你遇到一位陌生人正对着你笑时，你难道感觉不到有种无形的力量在推着你跟他认识吗？反之，如果你看到的是一张"苦瓜脸""驴脸"，你还会有好心情吗？你会不会对这种人避而远之呢？

真诚的微笑是无价之宝，具有神奇的魔力。美国的希尔顿饭店名贯五洲，是世界上最负盛名和财富的酒店之一。董事长唐纳·希尔顿认为，是微笑给希尔顿带来了繁荣。许多年前，一位老妇人在希尔顿心情不好的时候去拜访他，希尔顿不耐烦地抬起头，看见的是一张微笑的脸。这张笑脸的力量是那么不可抗拒，希尔顿立即请她坐下，两人开始了愉快的交谈。交谈中他发现老妇人是那么慈祥，她脸上真诚的微笑完全感染了他。从此，他把"微笑"服务作为饭店的宗旨。每当他在世界各地的希尔顿饭店视察时，总会问员工："今天，你对客户微笑了吗？"如果你去任何一家希尔顿饭店，你都会亲身感受到希尔顿的微笑。希尔顿的员工永远不会忘记用自己的笑容给每位客户带去阳光。用唐纳·希尔顿自己的话说："微笑是最简单、最省钱、最可行也最容易做到的服务，更重要的是，微笑是成本最低、收益最高的投资。"

　　所以，只要你不吝惜微笑，无论是在家里、办公室，还是在途中遇见朋友，立刻就会收到意想不到的良好效果。据说许多专业推销员，每天清早洗漱时，总要花两三分钟时间，面对镜子训练自己的微笑，甚至将之视为每天的例行工作。

　　微笑是自信的动力，也是礼貌的象征。有些人在第一次见面时，通常会有一种不安的感觉，存有戒心。人们往往依据你的微笑来获取对你的印象，从而决定对你所要办的事的态度。唯有真挚友善的微笑，才可以消除这种初次见面的心理状态。

　　卡耐基在社交总结中发现，很多人的好人缘是从微笑中获得的，很多人在事业上畅通无阻也是通过微笑开始的。微笑是成功的基石。

　　我国乒乓球选手陈新华在一次与瑞典选手的比赛中总是面带微笑。也正是这微笑，使他在最后的关键时刻镇定自若、愈战愈勇，使对手束手无策、手忙脚乱，成为手下败将。

　　在人际交往中，遇到胡搅蛮缠、粗暴无礼的人，只要你冷静、清醒，你就能稳控局面，用微笑放松对方的怒意，以微笑化解对方的攻势，从而以静制动，以柔克刚，摆脱窘境。

　　没有人喜欢个性孤僻、表情冷漠的人，大家总是喜欢与个性开朗、面带微笑的人交往。那些深受人们喜爱的电视节目主持人、公关小姐、售货员、政工干部，就是因为他们具有动人的微笑。

微笑，是无声的友善，是冬日的暖阳。一个喜欢微笑的人，一定会成为受欢迎的人。它不需要花费什么，却能给你创造意想不到的奇迹。

当你见人就微笑相待，未曾开口先笑脸相迎，你就会发现，周围的一切都是那么美好……

逞匹夫之勇，只会害人害己

张爱玲说："出名要趁早。"但一个年纪尚轻的人，就算获得了一定的成就，也别忙着自豪自己有多能干，知道什么叫"量力而行"更重要。

三国时期，曹操虽拥军80万，但无一是水军。在攻至赤壁时，他本应及时收兵，择机再战。但他却不这么想，以为自己猛将、谋士如云，只要把战船用铁索连起来，就可以使陆军在上面如履平地。惨败的现实给了他猛烈一击，80万大军被一把火烧得所剩无几。

当他仓皇狼狈地逃至华容道时，恰遇关云长，若非关云长念及昔日恩德，义释曹操，恐怕曹操也就命丧于此了。

这就是历史上赫赫有名的"赤壁之战"。

曹操之所以被孙、刘两家联手打得一败涂地，正是因为他的狂妄自大、自不量力。逞匹夫之勇的失败，早在项羽身上就

098 | 30 岁，你要么出众，要么出局

已经给我们上过一课了。在与刘邦争夺最终的统治权时，项羽原本有十足的胜算，但他却一意孤行，不听亚父范增的劝告，放走了刘邦。他以为凭自己的能力，足以制衡刘邦，殊不知，那只是自己的臆测，所以才招致最后的自刎江东。

曹操也一样，他我行我素，完全不顾客观条件的限制，强行对吴用兵。这样这一折腾，损兵折将是小事，影响了扩张统一的方针才是大事。所以，他失败了，而且败得很惨。

同样的例子，还发生在刘备身上。刘备本无将才，但他自恃兵多将广，不听诸葛亮的劝告，执意要攻打孙权，为其结义兄弟关羽报仇。于是，便有了后来的"陆逊火烧七百里大营"的典故。蜀军惨败，自此一蹶不振，同时也为蜀国的灭亡埋下了伏笔。

上面三位无一不是响当当的人物，但因为自己的意气用事，用一时的匹夫之勇给自己带来了极大的损害。

有哲人说："心不平气不和，绝无理智可言。"意在告诫我们，凡事要量力而行，切不可逞匹夫之勇。事情一旦超过自己的能力范围，再勉强自己去做，那和没有理智的莽夫有什么区别？

做人做事，量力而行，以免给自己带来不必要的麻烦。对

自己做不到的事，不要觉得丢脸、没面子，只要说明情况，总能获得谅解。

赵建是城市学院的一名大学生，刚入校园就加入了校学生会网络部，从做学校部门网页开始，一直积累这方面的经验。后来，他越做越熟练，就不再满足于学校部门这样小打小闹的网页了，而是把目光转向了社会。

大二暑期的时候，他经人介绍，给一家公司制作网页，薪酬是4000元。对一个学生来说，4000元可不是一笔小数目，况且这还是他做成的第一笔生意，心里别提有多激动了。此后的整个大学期间，他陆陆续续为三十多家公司制作了各种各样的网站，赚了几万块钱。

于是，尝到甜头的赵建开始志得意满，心里暗暗发誓要让自己再上一个新台阶。很快，他联系到一家知名房产公司，为其制作网站。这家房企给的价格喜人，自然要求也很高，而且期限给得也短。当负责人问他能否保质保量地按时完成工作时，赵建心想自己都为三十多家公司做过网页了，积累的经验也差不多了，就不假思索地签下了合同。

前期工作进展得很顺利，可眼看就要完工了，一个技术难题却怎么也搞不定，最后不得不向朋友求助。可朋友一看对方的要求，顿时大吃一惊，说根据项目的技术要求，以他们目前的能力水平根本就达不到。朋友问他为什么明知自己没有这个能力还要逞强接下这个项目，他这才讪讪地表示以为凭着以往的经验能搞定，谁知事情根本没有自己想象的那么简单。朋友沮丧地告诉他，还是尽快跟公司说明真相，尽量弥补损失吧。万般无奈之下，赵建只好如实向公司汇报了情况，赔偿了毁约的损失。因为这个项目，他之前赚到的钱全部亏掉了。

在个人创业的过程中，赵建敢想敢做、敢作敢当的品质固然值得称赞，但他得意之时的逞强就不足为取了。没有大头是戴不好大帽子的，自己做人做事有几斤几两还是需要认真掂量掂量的。如果我们觉得难以做到，就勇敢地承认自己的不足，非要硬撑着答应，最后再做不好，那不仅失了面子，还有可能给自己和他人带来更大的损失。

我们应该认清自己不是万能的全才，很多事情一旦应承下来就没有回转的余地，后果就是自己去承担。一旦失利，我们失去的不仅是一次成功的机会，还有他人对我们的信任。

所以，凡事量力而行，莫逞匹夫之勇，免得害人害己。

与其抱怨，不如做出成绩

生活中，我们经常可以听到抱怨的声音：每天累死累活，只能拿到这点钱，这算什么工作；老板太抠门，干得再好有什么用；公司领导一个比一个差劲，根本就是一个烂摊子，在这干得再久也翻不了身……就这样，他们不是抱怨老板抠门，就是抱怨工作时间过长，或是抱怨公司管理制度太严苛等。这些负面情绪的宣泄，也许一时会受到一些善良之人的宽慰，使自己内心的压力暂时得到一定的缓解，并不能给公司造成实际损失进而影响自己的发展。但是，持续的抱怨势必会使人的思想摇摆不定，进而不能专注工作，甚至敷衍了事。久而久之，问题自然就出现了，到那时即使你不炒老板的鱿鱼，老板也已将你排在了最应辞去的人之列。

无数事实证明，抱怨解决不了任何问题。你认为命运不公平，那你为改变命运做过什么努力吗？如果做过努力，命运依然不济，那与其在抱怨中过一辈子，不如把心态摆正，高高兴兴地过一辈子。如果你连努力都没努力过，那你更没有理由抱怨。与其抱怨，不如做出傲人成绩。

刚毕业的莉莉在一家广告公司负责文案工作，虽然工资不高，但她做每件事都很认真。从她踏进公司的那一天开始，她就抱着学习的态度处处留意，一心想把工作做得最好。别人不加班，她加；别人不想做的脏活、累活，她做。无论是会议纪要、领导致辞，还是活动方案、新闻通稿，领导交给她的任务，她都毫不迟疑地答应下来。没有什么职场经验的莉莉，只想通过自己的努力，赢得公司的认可。

但她的努力并没有引起老板的注意，相反，却让她的同事心生怨念。他们认为莉莉这么做完全是想出风头，她一个人妄图完成整个部门的工作，那不是不把前辈放在眼里吗？这样一个没有一点团队精神，而且"屡教不改"的人，很快就开始遭到大家的孤立。慢慢地，有人开始在工作中欺负她、挖苦她，甚至还几次三番地打她的小报告，久而久之，她的主管也认为她不太称职。

两个月的试用期过了以后，负责人事的副总把她叫到办公室，语重心长地告诉她："对于企业来说，最重要的是团队精神，如果所有人都觉得你不行，那说明你并不适合这家公司，特别是在私企，每一分钱都得花在刀刃上，像你这种人，看来是不适合出来工作。"

莉莉一听可傻眼了，她完全不知道自己哪里做错了，她不明白为什么自己辛辛苦苦地付出竟然得到这种评价。不过她没有生气，而是微笑着说："您说我不适合出来工作是您的看法，这并不代表我的能力就是如此！"

人事副总也毫不客气，他说任何一家企业都不需要莉莉这种爱出风头的人，任何一个团队都不需要莉莉这样的"老鼠屎"。

面对人事副总的讥讽和苛责，莉莉一直保持冷静，说她尊重他的看法，但无论他怎么说，她都相信自己的能力，也不认为多干多学有什么错！并且，她很正式地宣布，从今天开始，她辞职了！

辞职后的莉莉，并没有受前公司的影响，更没有因此而怀疑自己的能力。相反，她开始总结，为什么自己的辛勤劳动却会被人诋毁？被指责没有团队精神？通过这次辞职，莉莉意识到，并不是每一个团队都适合自己的理想。

之后，莉莉转行从销售做起，期间被无数人骂过骗子，遭到无数人的白眼，被主管一次又一次劈头盖脸地说没用。每次受挫时，莉莉都冷静地分析其中的原因，总结不足之处，再乐观地前行。没几年光景，她成为了某品牌大区金牌销售，带出了数十个精英销售团队。

看到莉莉的这种情况，想必很多人都有同感：被客户骂是猪，被同事说没团队精神。有时候，的确是因为自身能力不足，也不清楚自身在团队中的支点。这时候，要做的不是发泄负面情绪，而是积极查找原因。没有人会无来由地误会你，除非是你的行为损害了他们的利益。所以，在面对同事的误会时，不必急于反驳；遇到辱骂，首先要冷静，这样你才能看清自己的缺点，才能看清辱骂背后的问题所在。面对客户的打击，如果你怨天尤人或是一蹶不振，那正好验证了别人认为你无能的论断。跌倒了，就拍拍身上的尘土，爬起来继续勇敢地前行，只要你能冷静地分析自己失败的原因，找准问题、改正问题，何惧赢不来鲜花和掌声？

实际上，每个团队都有自己的属性，有的团队适合做事业，有的团队适合混日子。所以，选择一个什么样的团队，也就意味着选择自己未来的生活方式，以及与理想之间的距离。

团队出了问题，你不站出来，或者勇敢离开，却坐在那里怨天尤人，那什么时候才能成功呢?

任何人的成功，都不会一帆风顺。关键是你能否在每一次跌倒后及时反思，及时改正。只有化怨气为力量，把困难踩在脚下，才能拉近与梦想的距离，才能看到成功的曙光!

好心态好命运，善于发现自己的闪光点

"你站在桥上看风景，看风景人在楼上看你。明月装饰了你的窗子，你装饰了别人的梦。"这是诗人卞之琳一首很经典的诗。意思是说，当你在羡慕别人时，别人也在欣赏着你。

生活中，人与人之间相互比较是经常发生，也难以避免的，但你要知道，每个人都有自己的长处和短处。在相互比较中，如果总拿自己的短处和别人的长处比，那是自寻烦恼；如果总拿自己的长处和别人的短处比，容易狂妄自大。所以，我们要学会认清自己，既不妄自菲薄，也不自命不凡，善于发现自己的闪光点，从而成就精彩人生。

可是，道理谁都懂，真正做起来却很难。

有位初涉演艺圈的新人，因为自身资质不错，所以信心满满地将自己拍摄的照片寄给某知名制片人。然后，他就开始日夜等待对方的来电。

　　他因为满怀期待，所以心情很好，逢人就谈他的梦想；可到了第20天，对方也没有打电话来，他的情绪有些乱了，偶尔会骂人；到了第40天的时候，他觉得自己肯定没戏了，情绪非常低落，一句话也不想说，甚至开始怀疑自己是不是不该走这条路；第60天的时候，他已经完全放弃了，所以情绪糟糕到极点，谁跟他提起演艺圈的事，他都觉得对方是在嘲讽他，不等人说话就先开骂。没想到，就在那天他接到了那位知名制片人打来的电话，他照例没给对方说话的机会就冲电话那端怒吼了一通！结果不然而喻，他彻底失去了出演那位制片人制作的影片的机会，同时他的口碑还没在演艺圈建立起来就这样毁了。他为此而自断了前程。

　　我们在为这位新人感到惋惜的同时，也领悟出了不良情绪的危害。天有不测风云，人有旦夕祸福。日常生活中，每个人都不可避免地会遇到挫折、困苦等不愉快的事，关键是我们以什么样的心态去面对它。如果只是一味地生气、焦虑、怨恨，不但不会使事情好转，反而还会影响身心健康。

　　任何人遇到困境，心情都难免会受影响，问题是你自己要做好心情调节器。面对自己无法改变或无能无力的事，与其总是埋怨别人不给自己机会，何不利用等待的时机把自己打造得更优秀呢？当然，你也可以抬起头来，大喊一声："有什么了不起的，它不能打败我！"或者，耸耸肩，告诉自己："没什么大不了的，一切都会过去！"

有人说，性格决定命运。实际上，人的性格是由心态决定的。一个拥有好心态的人，即使发生糟糕的事情，也能笑看风云，洒脱面对。

被称为世界剧坛女王的拉莎·贝纳尔，突遇风暴，不幸从甲板上滚落，足部受了重伤。当她被推进手术室，面临锯腿的厄运时，突然念起自己演过的一段台词。后来记者们问她这样做，是不是为了缓和自己的紧张情绪，她却说："不是的，是为了给医生和护士们打气。你瞧，他们不是太严肃了吗？"

拉莎·贝纳尔在面对无法抗拒的灾难时，没有恨天怨地，没有抱怨命运不公。相反，她勇敢地跳出悲伤、焦虑的圈子，重新燃起生活的激情。

一句"他们不是太严肃了吗"，说这话时，她心中的情绪转换器调整到了最佳状态！事后，尽管手术取得圆满成功，但她还是没办法演戏了。对一个演员来说，这无异于断送了前程。但拉沙并没有因此气馁，她开始利用自己多年演戏的积累开始讲演，那充满生命热情的讲演使她再次受到大家的追捧。

　　拉沙的故事告诉我们，心态是可以调适的，只要你愿意。当你把自己的心态调整到积极向上的频道时，你会发现，人生的路没有想象的那么难走。当你发现自己的闪光点并正确地运用它时，仿佛整个世界都向你敞开了大门。

　　所以，别揪着自己那些小缺点、小挫折不放，一切外在的不幸看开了就什么也不是，你又何必非要跟自己过不去呢？

Chapter 4

30 岁，执行力决定了你的下限

行动创造结果，结果改变命运。在没有做出傲人成绩之前，没有人想看你做事的过程。这个世界，最有效、最直接的评判标准，只能靠执行力去鉴别。你的时间用在哪里，你的成就就在哪里。

勤奋是接近成功最有效的办法

勤奋是一种美德，一种可贵的品质，一种成功者必备的最基本的素质。勤奋不一定能成功，但不勤奋一定不会成功。

一个人的成功，固然与理想和机遇脱不了关系，但关键还是看勤奋与否。

在很多人看来，勤奋早已经过时了，现在社会需要的是头脑和机遇。只要具备灵活的头脑，抓住良好的机遇，就能成功。这显然是一种错误的认知，要知道在成功的道路上，勤奋是必不可少的力量。

有这样一则寓言，讲的是一位老农用一篮子无花果换黄金的事。

有一次，某皇帝微服私访，途经一个村子，看见一位老农正用铁锹挖坑。皇帝感到奇怪，就上前去看个究竟，原来老农想种一棵无花果树。皇帝问道："你认为自己还能吃到无花果吗？"老农回答说："如果当树结果的时候我已经不在人世了，至少我的孙子还能吃到。阎罗王也许能因为我活着的时候的勤奋而赦免我的罪。"

皇帝说："如果你能够得到阎罗王的赦免而吃到这些无花果，那么请送我一些，因为我也很喜欢吃无花果。"

五年过去了，树上已经结满了无花果，而老农依然健在。

老农没有忘记皇帝的话，装满一篮子无花果给皇帝送去，皇帝高兴极了，让人在老农的篮子里装满黄金。太监们看到这些黄金，都羡慕极了。跟皇帝最为亲近的太监问道："万岁！您真的要给一位老农那么多的金子吗？"

皇帝笑着说："阎罗王都能赦免他的罪，让他多活了五年，为什么我不能赏赐他点财富呢？"

于是，太监后来就对他的亲戚说："陛下爱吃无花果，你给陛下弄点无花果。到时候，陛下会赏给你很多黄金。"这真是一个好主意，他的亲戚高兴极了，第二天就买了一篮子无花果给皇帝送去，希望能换来赏赐。

可是这次，皇帝非但没有赏赐这位亲戚，反而很生气，他说："我只给勤奋的人以奖励，像你这样投机取巧的人只能得到惩罚。"于是，皇帝不但没有给他黄金，还让人打了他几十大板。

这则故事告诉我们，勤奋才是成功的基石。很多人因为勤奋而成功，却很少有人因投机取巧而成功。在成功的道路上，的确需要借助各种力量，而勤奋是最重要的一种。只有勤奋，才是你最靠得住的伙伴，也是弥补你天分的唯一方法，任何投机取巧都是不长久的，也是不可取的。

那些条件、资质、能力一般的人，正是因为懂得勤能补拙，通过坚持不懈的努力才最终走向了成功。如果你形成了勤奋的习惯，那么整个世界都将为你的目标让路。

大数学家陈景润，几十年如一日，不知倦怠地验证、求算，终于证出了著名的"1+2"，使人类的脚步又向哥德巴赫猜想这项数学皇冠大大挺进。如果他身上不具备勤奋的素质，就不会有这种伟大的成就。

曾访问过我国的美国女国务卿赖斯，也是一个勤奋的人。在二十多年的时间里，她从一个备受歧视的黑人女孩成为世界著名的外交家。

当有人问她成功的秘诀时，她简明扼要地告诉大家：因为我付出了"八倍的辛劳"。

要想到达成功的彼岸，必须借助于勤奋的风帆。失去了勤奋，你就失去了前进的动力。你只有战胜懒惰的诱惑，依靠勤奋获得机会，并持之以恒地奋斗与努力，灿烂的明天才会如期而至。

在这个世界上，有很多看来很有希望成功的人，他们有着聪明的头脑、优秀的品质、极高的能力，但他们最终没有成功。问题出在哪里呢？因为他们缺乏勤奋的精神。

我们初中就学过《伤仲永》一文，方仲永两三岁便会吟诗，天赋之高令人羡慕，堪称世间少有的奇才。可是后来，他父亲不但不督促他好好学习，反而带着他环游各地，炫耀于人，终于泯然众人矣！

方仲永之所以具有很高的天分却没有成功，就是因为缺少了勤奋这种力量。

现实生活中，无论学习还是工作，我们常常遇见这样的人：明明头脑灵活、思维敏捷，但就是不想学习，对工作不认真，整天吊儿郎当，上班完全就是混日子。

对这样的人来说，勤奋是什么东西，他们根本不在乎。结果可想而知，再怎么天资聪慧，不用功学习，结果也只能是名落孙山，而那些不用心工作的人随时都有被炒鱿鱼的风险。

失去了勤奋的助力，再聪明的人也会败下阵来。

古希腊哲学家亚里士多德在公元前350年便宣称"优秀不是一种行为，而是一种习惯"，后人把这句话精炼为"优秀是一种习惯"。那就让自己勤奋起来吧，只有勤奋才能让你的生命燃烧得更旺。

勇于担当，方可成长

　　大千世界，芸芸众生，我们的人生面临着成千上万的选择。当困难来临时，有些人为了自己的个人利益，一味逃避；有些人则挺身而出，勇于担当责任。

　　人生无论贫穷还是富有，尊贵还是低贱，都有自己的那份担当。勇于担当，生命才会更有意义。

　　成熟不是看你的年龄有多大，而是看你能担起多大的责任。敢于担当，才能赢得别人的敬重与关怀，赢得别人的认同与信赖。英雄因为担当而伟大，君子因为担当而崇高。

　　美国一位年仅11岁的男孩在踢足球时不小心踢碎了邻居家的玻璃，对方索赔12.5美元。当时12.5美元可以买125只下蛋的母鸡，闯了祸的男孩向父亲承认错误后，父亲让他对自己的过失负责。可他没钱，父亲说：钱我可以先借给你，但一年后还我。从此，这个男孩就开始了艰苦的打工生活。半年后，他终于还给了父亲12.5美元。这个男孩就是后来成为美国总统的里根。

我不知道，没有经历这件事，里根还是不是现在的里根。但我知道，他父亲的所作所为是为了让他懂得：犯了错就该勇于承担后果，不逃避，也不推卸责任。一个有责任心的人就拥有了至高无上的灵魂和坚不可摧的力量。

刚毕业时，我在一家广告公司做文案。由于缺少工作经验，公司让老员工李姐负责指导我。一开始，我的工作一般就是干些杂活，空闲时间很多，于是没事的时候，我就拿出文案材料认真学习。由于我勤恳上进，大家对我的印象都不错。

有一天，李姐交给了我一个任务，说是替一个新客户写份文案，让我好好发挥。第一次接到工作任务，我既兴奋又紧张，兴奋的是自己终于有一个可以大展身手的机会，紧张的是怕做不好工作，不好交差。由于文案第二天就要用，在时间紧、任务重的情况下，我加班加点在公司忙到了晚上12点，终于完成了。看着这份自己比较满意的文案，我心里别提有多高兴了。

第二天早上一上班，我就拿给李姐让她帮忙把关，看下我昨晚写的文案到底怎么样。李姐看后也认为我的文案写得不错。最后，客户看了也很满意。这时累得直不起腰的我终于松了一口气，同时也很欣慰，觉得自己的努力终究没有白费。

可是当天下午，总经理把李姐和我一起叫到了办公室。一进门，我就发现总经理脸色不好。他把一份文案丢到我们面前，生气地说："怎么这么粗心？把客户的联系电话都给弄错了，怎么能犯这种低级错误呢！"我顿时傻眼了。记得我刚来公司的时候，李姐就告诫我：在写广告文案的过程中，一定要把客户的名字、地址和电话反复校对，因为这是文案写作中最需要注意的，一旦出现错误，客户就有可能拒绝付款。一看总经理发这么大的火，而错误确实是我造成的，我就想承认错误，把这件事担下来。可没想到李姐却把我的过失承担了下来，她对总经理说："是我粗心，写错了。"看着李姐被老总批评得抬不起头，我想说明真相，可一想到自己现在正是试用期的关键时刻，弄不好就有可能立马被辞退，于是犹豫了，最终没有作声。但这件事情并没有到此结束，最后客户果真以此为理由拒绝付款，而李姐也将被公司辞退。

听到这个消息，我觉得再也不能逃避了。我不能让别人承担我的过错。于是在晨会上，我鼓足勇气对总经理说："李姐是无辜的，应该承担责任的人是我，因为电话是我写错的，辞退她不公平。"李姐在一边颇感意外地看着我，眼神复杂。最终，总经理和主管经过商讨后，做出新的处理决定：撤销对李姐的处分，同时将我的试用期延长到六个月。

事后，我请李姐吃饭。李姐真诚地说："没想到你会不顾一切地站出来承担责任，我真的很感动，我会帮助你在公司站稳脚跟。"李姐果然说到做到，在日后的工作中，她把自己的工作经验毫不保留地传授给了我，而且我接到工作任务时她也全力帮助。最后，在她的帮助和自身的努力下，我顺利通过了公司的试用期。一年后，因工作业绩突出，我被提拔为部门经理。

通过这段经历，我明白了一个道理：身在职场，我们一定要勇于承担责任。尤其是犯错时，我们更不应该害怕承担过错。因为只有在不断地承担中，我们才能不断成长，日渐成熟。

学习出进步，实践出真知

21世纪是知识竞争的时代，如果你没有几招过人的本领，你就会被无情的市场竞争所淘汰。适者生存是自然界的基本法则，优胜劣汰是市场经济的重要规律。在激烈的竞争下，你必须让自己变得强大起来，才能立于不败之地。所以时刻要有这样的想法：用知识丰富你的头脑，用学习增强你的能力。

世界著名汽车品牌福特公司的创始人亨利·福特年少时，曾在一家机械商店里当店员，周薪只有2美元。他自幼好学，尤其对机械方面的书籍更是着迷。因此他每星期都花2美元3美分来买书，然后孜孜不倦地研读，从未间断。以至于后来他和布兰都小姐结婚时，没有一样值钱的东西，只有一大堆五花八门的机械杂志和书籍而已；但他已拥有了比金钱更宝贵、更有价值的机械知识。

几年后，福特的父亲给了他二百多平方米的土地和一栋房屋。如果他未研读机械方面的杂志、书籍，也许终其一生，他也只是一个平凡的农夫而已。但"水向低处流，人往高处走"，已具有丰富机械知识、胸怀大志的福特，却朝着他向往已久的机械世界迈进。此时，从书本上得来的知识，便助他开创出一番大事业。

功成名就之后，福特说道："积蓄金钱虽好，但对年轻人而言，学得将来经营所必需的知识与技能，远比蓄财来得重要。"

在福特看来，与其忙着储蓄，不如先把钱投资于有益的书籍开始；至于储蓄，等有了充分的能力致富以后，再开始蓄存也来得及。

在这个知识与科技发展一日千里的时代，在工作中要想出类拔萃，只有坚持学习不断充实自己的知识，提高自己的能力，才能轻松应付各种工作。尤其是在当今社会，无论你从事什么行业，做什么工作，都要不断丰富你的头脑，增强你的能力，这也是获得成功永恒不变的真理。

当然，如果只是一味地学习而不去实践，那结果还是一事无成。比尔·盖茨说："想做的事情，立刻去做！从潜意识中浮现的念头，立即付诸行动。"这说明了实践的重要性，只有实践才能产生结果；否则，再好的主意都是空想。所以，要想让人生更加有意义，就要以实践为目的，别让你的学习成果只是纸上谈兵。

美国的希尔博士在他所著的《人人都能成功》一书中写了这样一个故事：

63岁的菲莉皮亚夫人决定从纽约市步行到佛罗里达州的迈阿密市去，这段路程大约相当于从北京到中国香港的距离。当她到达迈阿密时，记者问她是如何鼓起勇气徒步旅行的。她回答说："走一步路是不需要勇气的。我就是迈出一步，再迈一步，不停地迈，就到这里了。"

从纽约徒步到迈阿密是菲莉皮亚夫人的目标，一步接一步地走是她的计划，然后迈出第一步，再迈第二步、第三步……这就是她的行动。如果她不去"迈步"，她就永远也不能到达迈阿密。

如果你有了目标，有了好的想法，那么就像故事中的这个美国老太太一样一步一步地迈下去，你一定会成功。空有想法只会让人失望，甚至会让你自己也失去信心，只有行动才最叫人放心。

生活在都市丛林里的人们遵循着"物竞天择，优胜劣汰，适者生存"的自然法则。"多一门技艺，多一条路"，要想在激烈的竞争中胜出，就必须不断地用知识丰富你的头脑，用学习增强你的能力。

俗话说"有志者立长志，无志者常立志"，千万不要做"语言的巨人，行动的矮子"。这就要求我们一定要行动起来，将自己的理想、信念、情感全都落到实处。行动是把你的学习成果转化成现实最有力的保证。没有行动，一切目标、计划都将落空，成功也就无从谈起。

不要怕，要去做

对于想干一番大事业的人，如果创业时前怕狼后怕虎，那他永远也不会有出息。在通往成功的路上，难免会布满荆棘，遭遇挫折。如果遇见一点点困难就患得患失、裹足不前，那注定不会成功。福布斯富豪的成功，最关键的一点就是创业时"重点在做，而不是怕"！

通过做原油贸易捞得第一桶金的欧亚平及其百仕达控股在《福布斯》2005年中国富豪排行榜上位居第62位，谈到他的成功，最让人难以忘记的就是他的做事风格。

在创业之初，当时原油生意很好做，一船油进来就能赚几十万美元。就这样，欧亚平迅速积累起第一桶金和广泛的商业关系。1996年以后，原油生意一落千丈，欧亚平决定改做实业，他认为做实业受外来因素影响较小，比较容易掌控。但做什么，在哪里做，一开始欧亚平并没有具体想法，也不知道该向哪个方向发展。

一次偶然的机会，欧亚平了解到深圳罗湖区水贝变电站高压线下有一大片"三不管"土地，政府一直无力去改造。欧亚平心想：如果我能够引进技术和资金将高架电缆埋入地下，就可在寸土寸金的罗湖区获得大片土地开发房地产。

尽管没有做过房地产，但欧亚平凭着商人的直觉，判断这是一个难得的机遇。于是，他决定拼一下，说干就干，即使失败了也不后悔。1993年，欧亚平在深圳设立了百仕达实业公司，正式进军房地产。

当时正值国家宏观调控开始，房地产业陷入低谷。欧亚平的百仕达公司用了三年时间，总共花了九亿多元才拿到这块32万平方米的土地。尽管这是一个千载难逢的好机会，但欧亚平的这一举动还是鼓足了极大的勇气和不甘示弱的冒险精神。

欧亚平之前并没有做房地产的经验，公司在深圳的事务全靠一位董事全权打理；而且那时百仕达公司也没有上市，为了维系这么庞大的资金链，欧亚平整天待在香港靠以往积累起来的信誉和关系与银行周旋。

欧亚平胸怀大志，他没有想过倒卖地皮，或是在拿到深圳那块地后，草草设计几栋房子套现了事，而是将"百仕达花园"定位为充满欧陆情调的豪宅。1996年6月，"百仕达花园"一期竣工时，恰逢深圳地产复苏曙光初现，当"百仕达花园"展现在人们眼前时，顿时在深圳引起轰动，赢了个"开门红"。

欧亚平成功了，他的成功与千千万万个成功的人一样，无论有什么好想法、好点子，重要的是立即去做，而不是犹豫不前。

很多时候，机会就在眼前，当下你需要做的就是勇往直前，不去计较结果成败与否，那你已经比别人领先很多，最终的胜利也必将属于你。

没有不拘小节，只有细节决定成败

很多人常说："大礼不辞小让。"做人事的人怎么能顾得了那些鸡毛蒜皮的小事呢？如果你真的觉得那些小节无所谓，那可真是大错特错了。

任何大事都是由不起眼的小节组成的，唯有把方方面面的小节全都做好了，才有可能做成大事。许多小节或许不能给你带来明显的收入，但却能反映一个人的素质和修养，是一个人潜在的形象以及人际资源方面的投资。

亨利是美国一家保险公司的高级精算师。有一天，他受一家保险公司的邀请，前去洽谈一些可能合作的培训项目。亨利提出与地方的保险经理们见面聊一聊，以便更好地了解当地的保险市场。他的要求得到了满足，在某保险经理人的会客室，亨利见到了几个重要的负责人。

亨利是一个非常注重细节和卫生的人，可那天会面的人，

却给亨利留下了非常深刻的"第一印象"。他说："那个主要
负责人热情地坐在我身边，专注地介绍着保险业的辉煌前景，
而我的视线却无法离开他的鼻子，因为我的思维全被他那黑乎
乎的鼻毛占领了！我完全没办法听进去他讲的任何内容，我只
要一看他的脸，我就有一种想替他剪掉鼻毛的冲动！我试图忘
记他的鼻毛，但当我把目光和注意力转移到他头部以下的部位
时，我又看到他肩上落着一层头屑，我真的是拼命忍住才没有
让自己作呕。为了礼貌，我只好又把目光放到他的脸上。整个
上午，我的脑袋里只有两个画面——黑乎乎的鼻毛和白花花的
头屑。等到中午吃饭时，我生怕他会坐在我身边，就借口要讨
论业务赶紧坐到另一个负责人身边。"

如此不注重个人卫生的人，给客户留下的印象自然不言
而喻，在这种情况下，即使这次生意谈妥了，你觉得还有下
次吗？

生活中不乏腰缠万贯的人言辞卑劣，举手投足像个十足的
下里巴人；而有的人虽然比较清贫，衣着打扮也很朴素，但是
举止大方、气度不凡，让人不敢小觑。

就拿走路这种再普通不过的小事来说吧，有的人走路时总
是低头驼背，一副无精打采的样子；而有的人则抬头挺胸、器

宇轩昂；有的人左摇右晃或连蹦带跳；有的人则端庄大方、沉稳干练，等等。同理，一个人的站姿、坐姿、吃相、着装等无一不向别人传递着他的修养品位、性格学识等多方面的信息。

小乔和小美是同一天来公司就职的美编。如果仅从作品上看，两个人的业务水平难分伯仲。但小乔因为有过三年的工作经验，在思路方面明显略胜小美一筹。为了选拔最优秀的人才，公司让两个人同时进入了试用期，最后看个人表现择优录取。

小乔上班时总是一副T恤、短裤的休闲装扮，经常是光脚踩着一双人字拖就来了，全然不顾公司的着装要求。工作的时候，只要干得顺心，一高兴起来还动不动就把鞋子踢飞。

刚开始，同事们还和她开玩笑，把她的鞋子藏起来。可后来大家发现她根本不在乎，光着脚在办公室到处乱跑。而小美因为是第一次参加工作，多少有点儿拘谨，穿着也像她的为人一样——文静、雅致，却难掩少许灵气。

她从来不做奇怪装扮，只是在一些小饰物上展示自己与一般女孩不同的审美观点，说话柔柔的，性格也很可人，非常讨人喜欢。

有天中午，美编室的空气中突然飘出一股腥臭的味道，弄得办公室里的人互相用猜疑的眼光观察对方的脚，大家都想弄清楚到底谁是"肇事者"。

后来，大家发现窗台下有窸窸窣窣的声音，原来那里放着一个黑色塑料袋，有胆子大的打开一看，居然是一大袋海鲜！

众人的目光不约而同地落在小乔身上，没想到她满不在乎地说："原来你们在找这个啊，小题大做。这有什么呀，不过是一袋有些臭的海鲜，唉，可惜这海鲜一点儿都不新鲜，跟广州的相比简直差远了。"

这时，小美端过来一盆水，说："乔姐，要不先把海鲜放到水里吧。我帮你拿到走廊去，下班后你再装走。"小乔一边红着脸，一边把袋子拎走了。

两个月的试用期很快结束了，结果是小美留下来，小乔走人。尽管小乔的方案比小美做得更好，但老板不想因为一个不修边幅的人，而影响公司一大批职员的心情。

临走的时候，老板对小乔说："你很有才华，也很有灵气，但这些都不能成为你扰乱别人心情的原因，也许你更适合自己开一间个人工作室，而不是在大公司与人共事。有些时候，该注意个人形象的时候，还得注意，不能太不修边幅了。"

　　不要以为小节无伤大雅，相反，细节才见真知，细节决定成败。

　　只有从小处入手，全方位地完善自我，才能早日登上大雅之堂。

完美执行胜过一切借口

在日常的工作和生活中，我们经常会听到这样或那样的借口，比如上班迟到了，会找"路上堵车""闹钟坏了""今天家里事太多"等借口；业务拓展不开、业绩不理想，会说"公司制度不行""现在经济形势不好""我已经尽力了"等借口。事情办砸了有借口，任务完不成有借口。总之，所有没做好的事情，似乎总有无数的借口都等着你、支持你、宽慰你、谅解你。抱怨、推诿、迁怒、愤世嫉俗等坏情绪不知不觉中成了你的亲密伙伴，成了你敷衍别人、原谅自己的"挡箭牌"。

"没有任何借口"是美国西点军校两百年来奉行的行为准则，其核心是敬业、责任、诚实、服从，要求想尽一切办法去完美执行，而不是为没完成任务找借口。

我们知道，找借口是逃避责任、纵容自己的理由，是扼杀自己能力、摧残自己潜力的毒品；找借口，就是为糟糕的自己找一个退路，为没完成任务找一个说法。然而，作为一名合格的员工，你最需要做的是努力去执行上司下达的任务，而不是去找任何借口，哪怕是合理的理由。

一位长期在公司底层挣扎、时刻面临着失业危险的中年人来看心理医生。医生问他发生了什么事。他神情激昂地说："我怎么也想不通，以至于现在都没办法睡觉了……"然后，开始抱怨公司老板如何不愿意给他机会。

"那么你为什么不自己去争取呢？"医生说。

"我曾经也争取过，但是我不认为那是一种机会。"他依然义愤填膺。

"你能说得具体点吗？"

"前些日子，公司派我去海外营业部，但是我觉得像我这样的年纪，怎么能经受如此折腾呢？"

"为什么你会认为这是一种折腾，而不是一种机会呢？"

"难道你看不出来吗？公司本部有那么多职位，却让我去如此遥远的地方。而且我有心脏病，这一点儿公司所有的人都知道。"

医生无法确认这位先生是否真的得了心脏病，但他已经知道了这位先生的"病根"，那就是喜欢在困难面前为自己找借口。

于是，医生给他讲了一个与他的情形截然相反的故事，故事的主人公就是体育界的成功者罗杰·布莱克。

罗杰·布莱克的杰出并不在于他非凡的令人瞩目的竞技成绩——他曾经获得奥林匹克运动会400米银牌和世界锦标赛400米接力赛金牌，而是他所有的成绩都是在他患有心脏病的情况下取得的。

除了家人、亲密的朋友和医生等仅有的几个人知道其病情外，他从来没有向外界公布过任何自己患病的消息。要知道，像竞技体育这种需要大运动量的项目，运动员如果有心脏病不但很难有出色的发挥，而且还有可能危及生命。可罗杰·布莱克克服了身体方面的困难，毅然决然地参加了。第一次获得银牌后，他对自己的成绩并不满意。如果他告诉人们自己真实的身体状况，即使运动生涯自此中断，也会获得人们的理解。但是罗杰却说："我不想小题大做。即使我失败了，也不想将疾病当成自己的借口。"作为世界级的运动员，这种精神一直贯穿于他的整个职业生涯。

医生刚讲完罗杰·布莱克的事，这位中年人就自己走出了医生的治疗室。

那些认为自己缺乏机会的人，往往是在为自己所面临的困难寻找借口。成功者不善于也不需要编织任何借口，因为他们能为自己的行为和目标负责，也能享受自己努力的成果。

在工作中，每个人都应该发挥自己最大的潜能，努力地工作而不是浪费时间寻找借口。无论做什么事情，都要记住自己的责任，无论在什么样的工作岗位上，都要对自己的工作负责。不要用任何借口来为自己开脱或搪塞，完美执行跳过一切借口。

梦想逆向分割法

一位导师正在给他的学生们上课。课堂上，老师提出了一个问题："当你们带着猎枪去打猎时，发现了一只兔子，你们马上要做的事情是什么？"

这个事情看起来再简单不过了，所有的学生都回答："立即向兔子开枪。"

导师却说："如果是我的话，我会先判断一下这只兔子是不是在我的猎枪射程之内。只有在猎枪的射程之内开枪，才有可能打中猎物。"

然后，导师接着补充道："我之所以向你们提出这个问题，就是想提醒你们，这个世界上诱人的猎物很多，但你手里的这把猎枪，射程是有限的。盲目地向射程之外的猎物开枪，只会让你的目标猎物距离你越来越远。即使猎物在你的射程之内，也是你越接近目标，射中的几率越大。"

　　这个故事很容易让我们联想到小时候，老师经常会问我们每个人的理想是什么，还记得自己当时说的什么吗？科学家、数学家、作家、歌星、演员……但现实生活是，很少有人能把自己儿时的理想实现。究其原因，就是那些理想离当时的我们太过遥远。如果我们当时的理想是在一个月内把数学成绩搞上去，说不定我们还真能成为数学家呢。

　　在英国最古老的建筑物威斯敏斯特教堂旁边，矗立着一块墓碑，上面刻着一段非常著名的话：

　　当我20岁的时候，我的理想是改变这个世界；当我30岁以后，我发现我不能够改变这个世界，我将理想变小一点，决定只改变我的国家；当我到了60岁以后，我发现我不能够改变我们的国家，我的最后愿望仅仅是改变一下我的家庭生活水平，但是，这也不可能。当我现在躺在床上，行将就木时，我突然意识到：如果在20岁的时候我仅仅去改变我自己，然后，我可能改变我的家庭；在家人的帮助和鼓励下，我可能为国家做一些事情；然后，谁知道呢？我甚至可能改变这个世界。

　　扪心自问，你是不是也犯着这样的错误呢？

　　人人都有梦想，但并不是人人都能实现自己的梦想。只要不侵害国家、社会和其他人的利益，有什么样的梦想都不是错。但是如果没有适合自己实现的梦想，没有实现梦想正确的行动和步骤，轻者贻误青春，重者让自己内外受伤。

很多人都梦想一夜暴富、一夜成名，这并没有错，富了、出名了是好事。但是我们不能因为于丹写一本书发行400万册的《论语》就自己也去写一本，因为姚明年薪2000多万美元就也去打篮球，因为刘翔作为黄种人打破了110米栏世界纪录就也去练田径。

任何一个个体的成功都没有克隆性。他们的成功都离我们太远。作为普通的社会一分子，我们应该做的还是老老实实做人，踏踏实实做事，走自己该走的路，做自己该做的梦。

梦想，是人本心的一种渴望，但它离妄想很近，一不小心梦想就成了妄想。凡事要从客观实际出发，目标只有切实可行才有意义。梦想只有有可能实现，才能称之为梦想。

春秋时期的大思想家老子曾经说过："天下难事，必做于易；天下大事，必做于细。"意思说，天下的难事都是从容易做的地方一步步开始的，天下的大事都是从细小的地方一步步形成的。如果你的梦想是写一部非常受观众欢迎的电视剧本，成为一名知名编剧，那么要实现这个梦想，要分几步呢？是不是只要把剧本写出来就可以了呢？

下面我们来分析一下，一部成功的电视剧怎么出炉。

1. 首先写出一部非常好的剧本；

2. 有一家非常有实力的公司愿意投资拍我们的剧本；

3. 有一位知名的导演和著名的演员演绎我们的剧本；

4. 有成功运作电视剧的经纪人或公司运作这部电视剧；

5. 在最具影响力的电视台的黄金时段播出这部电视剧。

从这五步来看，离我们最近的还是写出一部非常好的、让投资公司满意的剧本。但是写成这样的剧本，又离现在的我们有多远呢？好像离我们很遥远，因为现在我们还不知道剧本怎么写，根本不在我们这把自制手枪射程之内。

那么一部好剧本是怎样写成的，又怎么能让想拍这个剧本的公司看到呢？

1. 对写剧本有相当大的兴趣；

2. 有扎实的文字功底和编故事的想象力；

3. 掌握写剧本需要的专业知识和良好的镜头感觉；

4. 在影视界有着广泛的人脉。

我们因为对写剧本兴趣很大，所以才决定写一部电视剧，可即便编故事的文字功底能力还说得过去，马上写出上好的剧本还是不太现实，这个目标也不在我们的射程之内，怎么办？

1.考上一所大学去学习与创作剧本相关的专业；

2.经常把专业知识运用到自己的创作当中，把自己的剧本拿去让老师指导；

3.考上业内知名导师的研究生，并想办法结识在影视界工作的师兄、师姐，与他们成为朋友；

4.通过导师的关系，结识业内知名的影视投资公司的负责人，从他们那里获得市场的最新信息。

看懂了吗？目前在我们射程之内的猎物是考上大学的本科生或研究生，专业研习你喜欢的方向。现在你要做的，就是为考试做准备。

我们一旦有了梦想，首先应该掂量一下自己手里的这把枪，是否能将梦想一枪击落，如果能，速战速决；如果不能，马上判断它离自己的位置还有多远，自己怎么才能用最短的时间、最短的距离靠近梦想。

每天靠近一小步，他日就是一大步，现在你还说梦想遥不可及吗？不论梦想有多遥远，将其分割，总有当下可以做的事。

立即行动，现在就是最好的时刻

在日常生活中，我们都有自己的梦想，我们经常会制定一些目标和计划，但经常是不了了之，最终以失败而告终。之所以会这样，是因为我们往往不知道行动，或是不知道如何行动，总是在空想。

20世纪70年代，美国有一个叫法兰克的年轻人，由于家境贫困，他去了芝加哥寻求出路。在繁华的芝加哥转了几圈后，法兰克没有找到一个能够容身的处所，于是便买了把鞋刷给别人擦皮鞋。

半年后，他用微薄的积蓄租了一间小店，边卖雪糕边擦鞋。谁知道雪糕的生意越做越好，后来他干脆不擦皮鞋了，专门卖雪糕。

如今，法兰克的"天使冰王"雪糕已拥有全美70%以上的市场，在全球有60多个国家超过4000家的专卖店。

巧的是，有一个叫斯特福的年轻人，与法兰克几乎同时到达芝加哥。斯特福的父亲是一位富有的农场主，斯特福上了大学，还读了研究生。就在法兰克给别人擦皮鞋的时候，斯特福住在芝加哥最豪华的酒店里进行市场调查，耗资数十万。经过一年的周密调查，斯特福得出的结论：卖雪糕一定很有市场。当斯特福把结果告诉父亲时，遭到了强烈反对而没有付诸行动。后来，又经过一番精确调查后，他还是觉得卖雪糕的生意好做。一年后，他终于说服了父亲，准备打造雪糕店。而此时，法兰克的雪糕店已经遍布全美，最终无功而返。

在职场这个大舞台上，想成就一番伟业的人多如过江之鲫，而结果往往是如愿者不足一二，平庸者十之八九。这里除了机遇、胆略、资金因素外，更重要的是大多数人一直处于思考、梦想、迟疑状态，从而习惯性地推延行动。在犹豫中，错过了良机，这样一晃，可能就是一生。只有少数人，不仅有思考的能力，而且还是积极行动的巨人。

智者虽有千虑，如果不立即行动，也将一事无成。

史泰龙出身贫苦，10岁时父母离异，13岁便辍学在家。只因看了一场由"世界先生"史提夫利夫士主演的电影之后，便狂热地爱上了电影，并立志成为电影演员。尽管他知道自己有口吃的毛病，又没有文化，人长得又不特别漂亮，但是，他全然不顾，立即开始了行动。他找来好莱坞电影公司的名录本，开始一个一个地去推荐自己，结果没有一家公司接受他。

"你这个样子怎么可能做得了电影演员呢？" "算了吧，我们才不会要你哩。" "走远一点，这里不是你做梦的地方！" ……讽刺、挖苦、嘲笑、瞧不起，应有尽有。越是这样，史泰龙越是觉得："我一定要成为好莱坞的电影明星。" "你死了这条心吧，不要再来了，我们公司不欢迎你。"在第1000次遭到拒绝后，史泰龙没有灰心，而是根据自己1000次行动全部遭到拒绝的实际体验写了名为《洛奇》的剧本。他一次又一次地走进一家又一家的电影公司，终于在第1600次的时候，有人愿意出钱买他的剧本，但不是由他来主演。尽管此时他饥寒交迫，他还是说"NO"。在第1855次时，史泰龙如愿以偿。他主演的《洛奇》一炮打响，他成为了超级巨星。

没有行动，就没有史泰龙的一切。

我们不要害怕行动，这世界没什么可怕的，可怕的是你没有立即行动。想一想，我们不都是从怕中走过来的吗？小时候，我们怕走路、怕摔跤，但由于我们一直有"走天下"的渴望，加之妈妈的鼓励，一步一步地慢慢累积，我们不是走出了自己生命的天空吗？

行动带来价值，没有行动就没有价值。一旦你已经开始行动，那么继续前进就不那么困难了，即使是看起来很棘手的事情你也要立即行动，千万不要等待和拖延，这样只会使你觉得越来越艰巨，越来越可怕。一旦你立刻行动起来，再难的事情也很容易。

行动孕育着成功，行动起来，也许不会成功，但不行动，永远不可能成功。不管梦想是大是小，目标是高是低，从现在开始，积极行动起来，只有紧紧抓住行动这根弦，才能弹出职场美妙的音符。

Chapter 5

30岁，你要么出众，要么出局

这个时代哪有真正的"岁月静好，与世无争"？树欲静而风不止，你不努力就要被别人踩在脚下。你不出众，就要出局，没有中间选项。

寻找工作的窍门，切忌盲打蛮干

孔子说："学而不思则罔，思而不学则殆。"意思是说，如果只是一味读死书而不思考，就会因为不能深刻理解书中的意义而不能合理有效地利用书中的知识，甚至会陷入迷茫；反之，如果只是一味空想而不去进行实实在在的学习和钻研，则终究是沙上建塔，一无所得。简单来说，就是只有把学习和思考结合起来，总结其中的奥妙和规律，才能有所提高。学习是这样，工作同样如此，盲打蛮干，只会费力不讨好。只有找到工作的窍门，才会省时省力地完成工作。

事物的发展都是有一定规律可循的，工作和学习同样如此，找到其中的窍门，不但能提高工作效率，还可以推动整个社会的发展前进。

18世纪的英国正处于工业革命的前夕。在一个普通的英国小镇，一个手工工场的工人和其他工人一样辛勤地劳动着。这个手工工场正在使用一种叫作"飞梭"的工具，这在当时看来已经非常先进，让工人们节省了很多的时间和力量。但是，这个工人并不满足于这样的工具，他总觉得还可以有更好的办法来提高生产效率。

一天，他正在工作的时候，在一旁跑跑跳跳的女儿不小心碰倒了他的机器。这一碰一下子提醒了他，解开了他多日的思索，原来把机器放倒会有更好的效果。于是他在此基础上，对"飞梭"进行了改进，研制出了新式的纺纱机，大大提高了效率。尽管这种纺纱机仍在使用人力，但它具备动力、传动、工具三个部分的装置，已经是一台机器了。这个人就是哈格里夫斯，这台新发明的机器被他以女儿的名字命名，就是举世闻名的"珍妮纺纱机"。

"珍妮纺纱机"的出现揭开了工业革命的序幕，正是这小小的发现改变了世界，预示着英国工业革命的开始。

工作的窍门不是讲求多么高深的学问，也不是藏在深处或者悬在高处不可触摸的神坛。它只不过需要你平时多留心、多观察，不断反思自己的学习、工作有没有什么规律和窍门。如果一味盲打蛮干，只能是费力而不讨好。

有个寓言故事，说的是在一个偏远的小山村里，有一个身强体壮的小伙子，每天都上山砍柴。在自己家的院子里，他把柴劈好堆在一起，用来冬日生火。小伙子每天都很勤快，可是每天劈的柴并不多。

一天，小伙子正在院子里劈柴，从院门口走进一位老者，老者看到小伙子劈柴便笑了起来。

"老人家，你笑什么？"小伙子不解地问。

老者说："我要跟你打个赌。"

"赌什么呢？"

"就跟你赌，相同时间内谁劈的柴多。"老者微笑着说。

小伙子看着瘦弱的老者很不服气。于是两个人的比赛开始了。

小伙子抡动着大斧子开始劈柴，大斧子被他舞得霍霍生风，不一会儿他头上就沁出了汗水。而老者则不慌不忙，把木头摆放好后，用斧头一个一个劈开，很快就劈了一堆。老者似乎没用多大的力气就很自然地把木头劈开了。小伙子看了很着急，可是越着急越觉得木头异常结实，很是费力。

结果不言而喻，老者胜了，小伙子输了。

后来，小伙子向老者请教其中的缘由。老者从劈好的柴中捡了一块，指着斧头劈过的印记给小伙子看。小伙子看着那一条一条的纹理，似乎明白了什么。

老者拍拍小伙子的肩膀，哈哈大笑，出了院子离开了。

劈柴是要看纹理的，只有按照柴的纹理劈下去才能又快又省力，如果什么都不讲，一味蛮干只能像故事中的小伙子一样，既费时又费力。

这只是一个简单的寓言故事，但其中蕴含的道理却告诉人们：在工作中要遵循工作的规律，寻找工作的窍门，才会事半功倍。

大科学家爱因斯坦曾经说过："成功=艰苦劳动+正确的方法+少说空话。"可见方法的重要性。

寻找工作的窍门，不是为了投机取巧，更不是为了不劳而获。而是因为人的生命是有限的，人们的工作时间也是有限的，只有找到其中的窍门，掌握正确的方法，才能更快、更好地完成工作任务，提高工作效率。

定时整理你的行李箱

　　人生就像一场漫长的旅行，旅行的快乐主要来源于两个方面：一是看你的旅行目的地是不是好玩，二是看你的旅途是否轻松愉快。如果说第一个方面是我们无法掌控的，那第二个方面就看我们自己了。

　　人生旅途要想走得轻松自在，赶在前面，就要时刻记得清理一下自己的行李箱，扔掉那些无关紧要的东西，轻装上阵才能让你的旅途更愉快。

　　小王和小张是一对酷爱旅行的好朋友，每次出发前，小王总要花一个下午的时间，收拾自己的行李箱。他有一个帆布旅行包，很大，可扛，可背，还可以放在地上拖着走。每次出门，小王都像要在外面过日子一样，把行李箱装得满满的：从内到外的换洗衣服、折叠伞、水杯、茶叶、备用药品、必要的文件资料、单反相机、身份证、现金……可谓应有尽有。有时怕忘掉什么，还要列一个清单，一件件清点好才完全放心。可小张就不同了，他每次只随身携带一个小行李箱，既轻便又快捷。临出门前，他也会整理行李箱，但他一般是先在网上了解一下旅行地的情况，看看当地是不是什么东西都随处可见，他只带当地比较缺少的、不易买到的东西。

出发后，小王背着笨重的行囊，一路上累得直喘气。沿途的风景，他只是走马观花地看了看，注意力大半都被自己重重的行李夺去了。而小张因为背的是小包，轻松便捷，一路边走边瞧，很是开心。有一次，小张对小王说："你看你，每次都整这么大个背包像逃难似的，何苦呢？净是玩也玩不好，还累得要死！以后还是把你的行李清理一下吧，没必要带的就别带了！"

仔细想想，我们的旅途真的要带那么多东西吗？那些东西都是非带不可的吗？清理一下你的行李箱，把那些不必要的、多余的东西统统扔掉！行李箱轻了，你会发现，旅途更愉快、办事更方便，甚至连烦恼都少了许多。

在人生道路上，我们的行李箱里装满了地位、名利、财富、事业、亲情、人际关系等各种欲望和情感，还有烦恼、忧愁、沮丧、惆怅、抑郁、思念等各种情绪。人生犹如白驹过隙，如果在前进的路上，我们要背着这么多东西，怎么会轻松、快乐起来呢？

做同样的事，放松的心态和有压力的心态所完成的效果是不一样的。

世界羽毛球冠军林丹，在刚出道时，就表现出了不凡的实力。每次内部训练，他几乎都能拿到第一的成绩，可是一到国际大赛，他总是提前败下阵来，成绩甚至还不如队友。后来，教练和他不断反思、总结，最后发现是他心理压力太大了。参加国际大赛，不仅事关个人荣誉，更跟国家荣誉休戚相关。如此一来，他的心理压力就越来越大，总担心自己发挥不好，包袱很重。在这样沉重的压力下，他怎么可能发挥出很好的水平？在2004年雅典奥运会，他与冠军失之交臂之后，总结出了这一弱点。后来，林丹试着调整心态，平时刻苦训练，比赛中尽量放松心情，不再执著于追求成绩和名次。结果，在2008年北京奥运会上，他一举拿到了自己梦寐以求的奥运会男子羽毛球单打冠军，不仅实现了自己的职业理想，也为国家赢得了荣誉。这就是轻装上阵的功效。

人生到底该怎么整理行囊，轻装上路呢？首先要有一个放松的心态，要找出自己的压力所在，问自己几个问题："我在烦恼什么？""我所担忧的事情有必要吗？""我想要的是什么？"当一个人把这些问题想明白，也就弄清楚了人生的目的，自然也就知道了什么是自己所需要的，什么是没有价值而应该扔掉的。

人的生命是有限的，精力也是有限的。不扔掉那些对自己没有价值的东西，你的生命和价值就会消耗在一些无谓的事情上，最终导致一事无成。所谓"失之桑榆，收之东隅"，你在某些方面失去一些东西，可能就会在另一方面得到一些东西。王安石曾慨叹神童方仲永幼年因小利而舍弃了求学的大利，以致长大后"泯然众人矣"。鲁迅先生一生勤奋努力，甚至连喝咖啡那样短暂的时间都用来写作，最后成长为中国现代文学史上不可多得的作家。

有得必有失，有失定有得。放弃也意味着收获，什么都舍不得丢掉就什么也得不到。定期整理自己的行李箱，扔掉那些价值不大的东西，学会适时地放弃，才是人生的大智慧。

好性格 PK 坏性格

有心理学家统计：一个人的成功85%归于性格，15%归于知识。可见，一个人性格的好坏在很大程度上对其事业成功与否、家庭生活幸福与否、人际关系良好与否起着决定性的作用。

人们常说，性格决定命运。优良的性格品质是一个人成长的积极因素，而不良的性格以及恶习则是成长中的破坏力量。20世纪初，美国心理学家特尔曼和他的助手在25万名儿童中选拔了1528名最聪明的孩子，测验他们的智商，调查他们的个性品质，一一记录在案，然后进行长期的观察和跟踪研究，看看是不是聪明的孩子长大后都有所成就。

跟踪结果表明，同样资质的孩子，成就却大不一样。在这些跟踪对象中，大多数人在事业上都取得了不同程度的成功，他们或成为某一领域的专家、教授、学者、企业家，或成为有各种专长的人，但也不乏个别人成了罪犯、流浪汉、穷困潦倒者。

据分析，排除机遇等社会因素，失败者几乎都存在着某些不良的性格品质，有的意志薄弱，有的骄傲自满，有的缺乏积极进取精神，有的孤僻而不善于处理人际关系。总之，这些人的失败主要是因为非智力因素的欠缺。

性格是一个人非智力心理品质的核心，是一个人对生活的现实表现出的稳定的态度和习惯性的行为方式，是一个人区别于另一个人的独特的心理特征。世上没有一帆风顺的事业，更没有唾手可得的成就。在人生的旅途上，即使算不上成就的小小收获，也要付出相应的努力去争取。在理想面前，只有那些性格坚强、乐观、自信、刻苦、一往无前、勇于创造、不怕牺牲和耐得住寂寞的人，才有希望到达成功的彼岸。

热播剧《亮剑》中，桀骜不驯、性情刚烈，但又深谋远虑、有胆有识、疾恶如仇的主人公李云龙给人留下了深刻的印象。他每战都抱着必胜的信心，在战场上冲锋陷阵、挥洒自如，那"明知是个死，也要宝剑出鞘"，也要"亮剑"的英勇气势给人留下了深刻的印象。在面对死亡时，他临危不惧，不低头、不退缩、不认输、不乞求，也不苟活，其胆识、气魄和血性令人敬畏。

李云龙在战场上的骁勇和取得的胜利，都是由他鲜明的个性促成的。他性格刚烈、敢打敢拼，才让敌人闻风丧胆；他机警诡变，才让对手抓不住他的行踪；他真诚热忱，才换来了战友们的生死与共。性格决定人的行为，行为决定人的命运，虽然最终李云龙倒下了，但倒下的李云龙仍然是座山。他的刚正不阿永留人们心中。

人的性格与成才关系极大，所以，我们要建立好性格，而不能放纵坏性格。要在平时的一言一行中养成自己良好的言行举止、处事办事的风格。而不能放纵自己，任自己的坏性子自由发展，那样后果将不堪设想。

项羽年少时便力能扛鼎，巨鹿一战大挫秦军主力，成为一方霸主。可后来，却落得个乌江自刎的悲剧命运。归根结底，这与他性格的缺陷有很大关系。我们以鸿门宴为例做简要分析。

首先，项羽的悲剧性格主要表现为自矜功伐、自大虚荣。由于秦的主力是被项羽击败的，所以各路诸侯都听命于他，承认他的"霸主"地位，这使得项羽自矜功伐的骄傲心理更为膨胀。在鸿门宴上，刘邦言语谦卑，使得项羽以为刘邦非常尊重自己、无意与自己争雄，其自大、虚荣之心得到极大满足，因而怒气全消，不仅和盘托出告密之人，而且还设宴招待刘邦，以示和解、友善之意。

其次，项羽的悲剧性格表现为过分仁慈、软弱，缺乏原则性。与刘邦对待告密者曹无伤"立诛杀"的果敢态度不同，项羽对待泄露军机的项伯却采取听之任之、不予追究的宽容态度。

最后，项羽的悲剧性格还表现为缺乏远见、谋事不深、迂腐呆板。与刘邦入关之后为图谋霸业而克制"贪于财货，好美姬"之欲相比，与刘邦拉拢项伯、卑词"谢罪"、在宴会上屈居下座而安之若素的能屈能伸的性格相比，项羽缺乏远见、谋事不深的性格表现得十分明显。

在竞争激烈的现代社会，没有坚定的意志、勤奋的精神、容忍的度量、足够的耐性，要想成功那是很难的。所以，我们要建立好性格，舍掉坏性格。有些人认为，性格是天生的，我们很难改变。其实这是一种错误的认知。科学家经研究发现，性格是一个人在不断的生活和学习中逐渐建立起来的，它是自我修养的结果。要想建立起富有魅力的性格，就必须在日常生活中处处留心，始终朝这个方向努力，从一点一滴做起。

学会理财，积累你的财富金字塔

理财是一门学问，也是一门艺术。千万别单纯地以为理财只是简单地赚钱与花钱，而是你能用这些钱为你创造多少价值或是为你服务多久。所谓"你不理财，财不理你"，规避财富风险的重要途径就是保全和隔离，因此，现代人必须学会理财。

清末一代富商胡雪岩，早年只是个小山村的放牛娃，后来通过自己的努力一步步积累了丰厚的财富，最后成长为大清国最富有的红顶商人。后来，他经商获仕，御赐一品红顶、二品顶戴、穿黄马褂。大清朝受此礼遇的商人，仅胡雪岩一人。

他经营的范围从钱庄、典当、漕米到丝行、药店、房地产、茶业、军火，家有白银四千万余两，田地万亩，可谓"富可敌国"。

但就是这样一个名利双收、事业有成的传奇人物，晚年却一贫如洗，最终黯然离世，甚至都没能给后人留下基业与向往……

这其中不乏一些政治因素，但与他个人应对风险的能力也有关联。

通常情况下，财富消失的主要风险有四个方面：政策风险、法律风险、市场风险和人身风险。只有处理好这四个方面，才能保障我们的财产不受损失或少受损失。

那什么是理财呢？

理财，就是对资产（包括有形资产和无形资产）的管理，是指个人或机构根据当前的实际情况，设定想要达成的经济目标，在限定的时间内采用一类或多类金融投资工具，通过一种或多种途径达成其经济目标的计划、规划或解决方案。多用于个人对于个人资产或家庭资产的经营。

在资产配置中，我们经常说"不要把所有的鸡蛋放在同一个篮子里"，这就要求我们在处置资产结构中，除了获利性风险投资，应必备一些有防损性、防御性的金融产品。常见的理财工具包括黄金、基金、股票、期货、债券、银行存款、保险、信托、外汇、银行理财产品等。财富的根本作用是稳定、提升家庭的生活品质，财富的风险存在将直接转化为生活风险。

投资不等同于理财，投资只考虑回报率，理财是为生活目标服务；高投资收益意味着要承担高风险；理财先保本，再保障，后投资，用功能配置规避风险。现货白银是用来赚钱的，是必需品，不是奢侈品。

理财的目的就是保证达成未来的生活目标。一个健康的财务状况，一定要有一个扎实安全的根基，有了日常生活和意外的保障，才能有多余资金投资到房产、教育金、养老金储备上；然后再考虑风险和收益并存的金融投资品。这就是理财中风险管理的意义所在，也是应对不同阶段支出目标的前提。

因此，在理财金字塔中，底座就是社保、银行存款、零用应急资金，主要应对和保证日常生活开支的需要，它决定整个家庭资产的安全和稳定性。即使上层投资出现意外情况，底座依然稳健，不会对您的家庭财务状况产生很大的影响。现代社会，家庭的收入已经让底座相当稳健了，很少出现让家庭资产崩塌的现象。

金字塔的第二层是收益相对稳定的分红保险、债券、基金、银行理财产品等，这部分配置主要解决流动性差的房产和刚性需求的教育金、养老医疗储蓄需求。

第三层是收益相对高些，但有一定投资风险的股票、不动产等，P2P（Person-to-Person，即个人对个人）就是这种既可以有高回报，又比股票低很多的风险，既有很好的发展前景又有现实的投资回报。在合理分配资产的前提下，投资P2P不失为一种很好的选择。

最顶层是期货、彩票等投机性渠道。由此可见，越接近金字塔上层，受益越高，但相应的风险也就很大。当然，这部分需要有一定的资本才能去做。

理财的第一层叫"守"，要选择保本型工具，满足财务的保障性；第二层叫"防"，选择收入型工具，考虑资产的保全性；第三层叫"攻"，可选择成长型工具，达到财富的投资性；第四层叫"博"，可选择投机性工具，实现更高财富目标。

所以，理财的关键是风险管理与功能配置。要考虑的是在控制风险的前提下，如何优化配置已有资产，以确保我们一生各个阶段、任何情况下都能达成生活目标。

朋友是生命中看不见的隐形财富

美国作家柯达说："人际网络非一日所成，它是数十年来累积的成果。如果你到了40岁还没有建立起应有的人际关系，麻烦可就大了。"人际网络要想成功，就必须有一个好的人际圈子，要知道仅凭一个人的能力是很难完成自己的事业的。只有有人愿意帮你，不断地给你提供各种资源，你才能有更多的成功机会。但是，人际关系的圈子是需要你来培养的，只有用真诚和爱心才能巩固起你的人际关系。

根据美国作家柯达的说法，每个人都不能没有朋友，人本身就是一种群居性动物，人离不开社会性活动，不能形影相吊地生活在这个世界上。朋友，是我们生命中看不见的隐形财富。如果一个人没有朋友，那么他将会失去很多人生中的乐趣，也会失去很多机会。那该如何赢得朋友的信赖呢？

1. 真诚对待朋友

朋友，是我们精神上的鼓舞、心灵上的安慰，是我们生活中的助手和参谋。但没有人会无缘无故对一个人提供帮助，你必须成为对方欣赏或赞美的人，他们才能热情、无私地对你进行帮助，使你摆脱困境。

常听人感叹："人情冷暖，世事艰难，没人能理解我。"也有人直接抱怨："他都不关心我，我为什么要关心他啊！"如此云云。这些人，大多数都将责任直接推卸到他人头上，认为都是别人的问题，而不从自己身上找缺点。殊不知，你对别人不真诚，见到别人不理睬，冷冰冰地对待他人，不关心他人的痛痒，怎么可能得到他人的真诚、关心、理解和热情呢？

一个人若老是对人冷淡、只顾自己、只打自己的算盘，他一辈子都很难交到朋友，也没有人愿意请教他，但假使他能够常常设身处地为他人的利益着想，就能获得别人对他的回报。

2. 记住你的朋友

几乎没有一个人不希望自己的名字被人记住。古今中外，都是如此。

多数人不记得别人的名字，只因为不肯花必要的时间和精力去专心地、无声地把这些名字根植在他们的心中，他们为自已找借口：太忙了。然而，记住别人姓名，并不是鸡毛蒜皮的小事，细微处反映了你对他的兴趣如何。

如果你要别人喜欢你，其中的诀窍就是，记住一个人的名字。对他来说，这是任何语言中最甜蜜、最重要的声音。

3. 理解你的朋友

一个人是否能受到朋友的欢迎，与这个人的为人有很密切的关系。懂得事事为他人着想，采取中庸之道，谈吐风趣而不失儒雅的人，身上会散发出一种诱人的馨香，令周围与他相处的人如沐春风，被他的魅力所吸引，以能成为其好朋友而自豪，不管日后是否同道，心中的思念却会历久弥新，友情长存。

培根曾说："缺乏真正的朋友，乃是最纯粹最可怕的孤独，假如没有朋友，世界不过是一片荒漠。"也有歌如此唱道："只要人人都献出一点爱，世界将变成美好的人间。"在现实中，人们难以做到真正的"知心"，即使有朋友也难以长久相处。

朋友并不是庸俗的金钱的附属品，不是权势下的奴隶。

只有当一个人身上闪现出别人需要的亮点时，别人才愿意与之为友，愿意为他敞开心灵之门，愿意付出他应得到的激情和赞美。

4. 和朋友保持距离

人从小到大，都会交一些朋友，这些朋友有的只是普通朋友，但有的则是可称为"死党"的好朋友。很奇怪的是，好朋友的感情和夫妻的感情很类似，一件小事也有可能造成感情的破裂。

所以，如果有了好朋友，与其太接近而彼此伤害，不如"保持距离"，以免碰撞！何谓"保持距离"？简单地说，就是心灵上是相互贴近的，但生活上最好保持一定距离。

讨人喜欢的人自然有很多朋友，即使他不主动结交朋友，别人也会设法与他接近；相反，朋友少的人，若不去接近别人，谁也不会主动接近他。

实际上，想要获得知己是很困难的，自私自利、存心利用朋友的人，永远得不到真正的友谊。这种人在朋友有利的时候，会表现得如同至亲、密友一样，一旦利害关系消失，就露出真面目。

一个人的财富在很大程度上由与他关系最亲密的朋友决定。只有拥有了广泛的人际关系，才能建立起一个庞大的信息网，这样就比别人多了一些成功的机遇和桥梁。

没什么可怕的，大不了从头再来

人生如海，潮起潮落，既有春风得意、马蹄潇潇、高潮迭起的快乐，又有万念俱灰、惆怅漠然的凄苦。如果把人生的旅途描绘成图，一定是高低起伏的曲线。

世界上很多事都无法尽如人意，关键是我们以什么样的心态去面对它。古诗云："人生得意须尽欢，莫使金樽空对月。"当你快乐时，不妨尽情享受快乐，珍惜你所拥有的一切；而当生活的痛苦和不幸降临到你身上时，也不必怨叹、悲泣，大不了从头再来。

小A是我的大学同学。她在大二时，发现自己对所选读的专业不是很有兴趣，随即将大学生活的重心转移到了自己的兼职打工上。那是一家当地的小型连锁咖啡馆，小A的工作就是给客人端咖啡外加打扫店面卫生。到了大四快毕业时，同学们都在发愁该找什么工作合适，小A已经成为那家咖啡馆的全职员工了，而且还是一家连锁店的店长。她除了要管理手下的员工，还要独自负责店面的运营，包括店面的业绩、餐点的品质、环境卫生的整洁。

毕业后的第一次同学会，是在她的咖啡馆举办的。一来方便，二来安心。看着她熟练地布置会场事宜，让人不由得佩服她这三年来扎实的工作训练。

后来，同学们各自在职场打拼，偶尔会听到小A的消息。等我读完研究生准备找工作时，听说小A已经是这家连锁咖啡馆的区域经理，负责监督、考核好几家门店，是公司高层相当倚重的老臣。然而，那时候的小A，还不到30岁。

小A年纪轻轻就取得了相当不错的发展，这与她丰富的从业经历自然是分不开的。可她却越做越不开心，除了职场上的纠纷外，她发现自己真正理想的工作根本不是做餐饮。她真正想做的，是可以踏遍祖国山河的领队、导游。

于是，小A毅然决然地放弃高薪工作，把自己重新归零，闭关苦读，准备导游考试，最后如愿通过考试与训练，成为旅游界的新手。虽然薪水与未来都不确定，但这是她要的，她觉得很值得。

在职场中，能像小赵一样敢于抛过往工作资历所累积的人脉与薪资，投入陌生领域，重新开始的人并不多。不少人都希望生活稳定，舍不得眼前的成就，害怕归零，不愿从头开始。结果，人生就这么蹉跎岁月，与自己的梦想擦身而过。

追求人生理想，是需要付代价的，且经常是要你抛弃年少时还未认清真正的自己时所订下的不成熟目标，虽然因着努力，在这不是最理想的目标上也已经取得了相当卓越的成就。

愿意舍弃过去的荣耀，重新开始，必定是谦卑勤恳而努力执著于达成目标的人。这样的人，在不尽理想的目标上都能取得一定的成就了，当有幸投入自己喜爱的工作时，所能激发的潜力与热忱，所能完成的将是不可限量的巨大成就！

被尊称为"策略先生"的日本企管顾问大师大前研一，年轻时也曾经干过让自己归零、重新开始的事情。大前研一从大学开始，就立志攻读原子能工程，希望替日本设计世界级的核子反应炉，花了九年时间，一路攻读到MIT，拿到原子能工程博士，回国后进入日立制作所，担任原子能工程师。

然而，回国后的大前研一却发现，无论日立或当时的日本，都没有发展原子能工程的决心，此外，大前研一也发现自己不合适待在日本公司的体制内当个小工程师。于是，他毅然决然地选择离开日立与他花了九年时间学习的原子能工程，转到自己先前完全不了解的企管顾问工作，在麦肯锡从头开始学起。

大前研一说，如果尽力学习之后却发现自己走错路了，不要犹豫，赶快忘掉过去的失败与成就，抛弃过去的累积，下定决心重新开始，就像电脑已经死机，只能重新开机，从头来过。只要愿意从头来过，永远不嫌晚。

大前研一转进企管顾问公司后，从零开始学习，每天下班后窝在公司里阅读资料，学习企管顾问专业知识。平日利用上下班通勤时间，以所看见的广告来练习他的企管顾问专业技能。一年后，大前研一搞懂了企管顾问工作，还趁势推出了以其学习心得出发所撰写的企业参谋，因为是从外行人的角度，从零开始学习的，因而书籍浅显易懂，很快就攻上畅销排行榜，热卖数十万册。随着书籍的热卖，大前研一接到无数演讲与顾问工作，成为麦肯锡东京分公司中最年轻而收费最高的管理顾问。

人们都希望自己的生活能多一些快乐，少一些痛苦，多一些顺利，少一些挫折。可是命运却好像总爱捉弄人、折磨人，总是给人以更多的失落、痛苦和挫折。此时，我们要知道，困境和挫折也不一定会是坏事，它可能使我们的思想更清醒、更深刻、更成熟、更完美。

　　所以，面对一些坎途无须退缩，更不必气馁，一次、两次走不过去也不要紧，要记住，没什么可怕的，大不了从头再来。

要么控制自己，要么放弃未来

年轻人最怕别人说自己无知，谁说自己无知就会据理力争。内向一点的，即使嘴上不说，心里会记恨对方瞧不起自己。

然而，芸芸众生，我们大多都是平凡人，真正能够实现自己的追求，把年龄相仿的小伙伴远远抛在后面的，只是一小部分人。

说实话，没有人甘愿停留在社会的最底层，把自己的命运交给别人摆布。可是，残酷的现实却让很多人变成了为生活疲于奔命的普通老百姓。现代社会竞争残酷，光是简单的衣食住行就压得年轻人喘不过气来，哪有心力再去想其他的呢？

可是，人生的路一步错，就步步错。在二三十岁的年龄，如果我们不把握好自己的人生方向，不是出众，就是出局。一旦出局，也许需要我们用一生的时间去挽回被动局面，也未必能够成功。就像百米赛跑，你起跑的时候晚了一步，可能就再也没有机会问鼎前三甲了。

所以，这个年龄的人最应该担心的是自己要做什么，自己想做什么，想过什么样的人生，以及怎么去做。适合别人的，未必适合自己。适合自己的，自己又很难找到。这就是当前很多年轻人的困惑，也是很多年轻人迷茫的原因之一。

面对诱惑，我们是要随波逐流，投入它的怀抱，还是要时刻保持清醒，不为眼前的轻松自在所动，是很多年轻人需要克服的难题。

制造电子游戏的商人知道年轻人玩游戏会耽误学习、影响工作，但是他们为了让更多的年轻人玩他们的游戏，便会利用年轻人自控能力差的特点，把游戏设计得令人痴迷，让玩游戏的人欲罢不能。

所以，如果一个人不控制自己当下的行为，那就得为未来的自己买单。

如果一个人不考虑自己的实际情况，别人穿名牌自己也穿名牌，别人考公务员自己也考公务员，别人出国自己也出国……久而久之，他不但失去自我，也将失去对自己未来人生的把控。

英国女首相撒切尔夫人, 人称"铁娘子", 是众所周知的人物。她的全名叫玛格丽特·希尔达·撒切尔, 出生在英国北部的一个小城市——格兰森市。父亲开了一间小杂货铺, 由于家境贫寒, 玛格丽特和其他普通家庭的孩子一样, 没有什么特别的背景, 也没有什么得天独厚的发展机遇, 一切都要靠自己奋斗。父亲对她的要求很严格, 要求她时刻控制好自己的一言一行。

所以, 六岁的玛格丽特已经知道什么事情应该做, 什么事情不该做了。当小伙伴们无忧无虑地在外面玩耍时, 玛格丽特却在帮助父母做家务, 即便是星期天, 她也要和父母去教堂做礼拜。

有一回, 她做完礼拜回家, 正好在路上遇见和她年龄差不多大的一群孩子。孩子们正在兴高采烈地做游戏, 看起来很有趣。玛格丽特非常想加入他们, 但她最终还是和小伙伴们告别了, 因为她知道, 父亲是绝对不会允许自己玩这样的游戏的。

小小的玛格丽特在父亲的严格教导下, 像个小大人一样, 做什么都有板有眼。她必须跟着父亲参加各种成年人的社交活动, 像成年人那样思考、判断人和事。这让她觉得很累, 她很想像那些孩子一样, 尽情地奔跑, 尽情地玩耍, 忘掉一切地玩。她和别的孩子一样，渴望自由，渴望游戏，渴望无拘无束。

但是父亲对她的严格要求却让她失去很多本属于她的快乐，她感到委屈，就跑去质问父亲，为什么自己要像成年人一样去做这个或是那个。

父亲说："正是因为你和他们一样，如果你想20岁优秀，30岁出众，40岁卓越，50岁杰出，就必须先他们一步做准备，你准备得越充分，与他们的距离就会越大。这个世界上有很多诱惑，所以你必须学会控制自己的思维和行为。你做事情必须有自己的主见，知道自己现在应该做什么，不应该做什么。成功难，不成功会更难。不能因为你的朋友在做某种事情，你也去做或者想去做。不要因为怕与众不同而随波逐流，大家都在做的事情，对他们的一生来说，未必是有益的。"

玛格丽特听了父亲的话，顿时感到豁然开朗。从那以后，她更加严格地要求自己的行为。她明白了只有先自控，才能掌握未来。

脱离父母的背景，二三十岁的年轻人资质都差不多，都是初入社会不久的菜鸟，面对的都是资源已经被分割得差不多的社会。如果把人生比作一次百米赛跑，准备得如何，起跑质量如何，对一个人的最后成绩起着决定性作用。我们是做青铜还是要做黄金，全看我们自己如何选择。耐得住寂寞，控制住自己，把注意力全都集中在冶炼黄金上，我们才有可能真的变成黄金。

要记得，这个社会就是这么残酷，你控制不住自己，就等于放弃未来。

你不出众，就要出局。

物竞天择，适者生存，这是整个自然界的游戏规则

古往今来，适者生存，不适者淘汰。世间万物只有与它所处的环境相适应，才能立足于世。

仙人掌之所以能在沙漠中生存，并非是它天生就适合生活在这里，它的"祖先"身上并没有刺，但为了适应沙漠干旱的环境，减少水分散失，它的叶片逐渐变成了刺，提升了自身的生存能力，使自己没有被沙漠环境淘汰，同时也为沙漠增添了生机。仙人掌通过改变自身形态，达到适应环境的目的，使其自身没有在生存竞争中被淘汰。

人类社会处处存在竞争，若想不被淘汰，就应该先静观其变，总结出社会竞争的规律，然后结合自身的实际情况，不拘泥于传统方法，对自身状况进行调整，从而适应社会环境。

桑兰，一个家喻户晓的名字。她曾在第八届全运会上获

得跳马冠军。后来，她在一次国际比赛中意外受伤致残，但她身残志坚，在接受治疗的同时，继续参加各种体育运动，积极参加各种社会活动，以微笑面对一切困难。一次与北京大学生座谈时，作为优秀残疾青年的桑兰坐在轮椅上激动地说："我参加了中国残疾人艺术团的演出，我找到了比拿世界冠军更美好的梦……"残疾后的桑兰积极调整心态，终于找到了自己的幸福。

霍金被称为"轮椅上的科学巨人"，他在21岁时，被诊断出患上了会导致肌肉萎缩的卢伽雷氏症。这是医学史上罕见的病，医生们也束手无策，并推测患这种病只能活三至五年。然而霍金并没有被击垮，他用仅有能活动的三根手指在键盘上打字，长期致力于理论物理学的研究，经过几十年的艰辛，一部科普著作《时间简史》赫然出世，在全球发行。别人在赞美，在惊叹，他却一头扎进浩瀚的宇宙，对它进行美妙地思考。他的不屈在改变着他的命运和处境，他的执著对抗着人生对他的挑战。霍金与疾病搏斗，在没被挫折打倒的情况下，征服了挫折，创造了一个又一个奇迹……一个人处在逆境中并不可怕，可怕的是你不敢直面困难。

伟大的发明家爱迪生，发明了电灯、电报、留声机、电影等一千多种成果，被誉为"发明大王"，为人类的文明和进步做出了巨大的贡献。爱迪生八岁上学，但仅仅读了三个月的书，就被老师斥为"低能儿"而被赶出校门。但是他并没有气馁，在母亲的帮助下，他对读书产生了浓厚兴趣，最终成为世界上最伟大的发明家。一个处于困境的人，只有善于在困境中寻找出路并付出努力，坚持不懈，才能不被困难的磐石所压倒；而一味顺从、一味躲避、不敢抗争的人，最终会成为时代潮流的牺牲品。

只有改变自己，让自己如流水般涓涓向前，才能绕过一切艰难险阻，最终汇入广阔的江海。适者生存，要做时代的强者。纪伯伦曾说："也许时间给煤炭下的定义是钻石，也许时间给贝壳下的定义是珍珠。"那掩埋于地下的煤，要经过多长时间的洗礼，才能变得坚硬夺目？那粗糙的沙砾要经受怎样的考验，才能变为耀眼的明珠？然而它们要做的只能是适应多变的环境，做一个适者生存的强者。试想它们不是如此，也许现在还是不名一钱的煤沙。正是有了这种适应的精神，人们才为之欢呼，为之赞叹。

物尚且如此，人又何尝不是这样呢？主动改变，适应多变的环境，我们才能够被赏识，才能够绽放光彩，才不会在这物欲横流、纸醉金迷的大潮中被淹没，被吞噬。

物竞天择，适者生存，这是整个自然界的游戏规则。人生华丽，但我们不能盲目，如水般改变，方能拥抱成功。

如果我们不掌握比别人更加有用的知识，那我们就有可能被当今社会淘汰。虽然当今社会并不像达尔文的"自然选择学说"那么残酷，到了"不是你死，就是我亡"的地步，但是只要是有着人格尊严的人，都不愿意自己只能受到别人的帮助，都想要自己打拼出自己的一番事业。所以我们要丰富自己的知识面，从而打拼出自己的一番事业，成为适者，而不是不适者！

所以，今天你为了成为适者而努力了吗？

Chapter 6

30 岁，感谢每天努力的自己

  谁的青春不迷茫？谁的成长不孤单？关键是什么时候都不要放弃自己。没有伞的孩子，更要加速奔跑。未来的你，一定会感谢今天拼命努力的自己。

你的形象和气场，"投射"着你的个人魅力

一个人在社会上行走，给人的第一印象就是他的穿着打扮、言谈举止，这也是一个人对自己的角色定位。当你走在一尘不染的大厅时，你绝不好意思随地吐痰或是扔垃圾；当你穿上活泼明朗的牛仔裤，你会不由得觉得浑身充满活力和朝气；当你穿上优雅得体的淑女服，你又会觉得自己温柔娴静起来。不同的形象影响着你做出不同的反应，最终形成你独特的气场。

尽管一个人的品质不能仅凭一次会面就妄下论断，但第一印象决定着以后双方交往的过程。良好的第一印象是增进关系的催化剂，是拉近距离的纽带。一个仪表整洁的人和一个不修边幅的人，在他人心中留下的印象是不同的，给人所产生的心理暗示的反差是巨大的，由此导致他人做出截然不同的评价。因此，塑造良好的第一印象形象，利用心理暗示的效应，让自

己成为一个受欢迎的人，就显得尤为重要。

美国前总统林肯没有用一位才识过人的人做阁员，原因就是此人相貌丑陋。当别人责怪他不该以貌取人时，林肯解释说："一个人过了40岁，就应该为自己的外表负责。"

我们并不需要具备林志玲一样的天使脸孔，但至少要让人觉得可以亲近；外表蓬头垢面、不修边幅，就算遇见贵人，也都吓跑了。

饭店教父亚都丽致董事长严长寿，不管在任何场合看到他，永远都是一副风度翩翩、打扮得宜的样子，西装外套口袋里永远有块纸板撑起外露的袋巾；事实上，他的成功有部分来自于自我形象的管理。20多年前，在他担任美商传达快递工读生时，就算是骑着摩托车送货，他也是穿着西装裤、长袖衬衫，打着领带。

于是，部门主管就慢慢注意到他，连同栋办公大楼的长官也对这位西装小弟印象深刻，想要挖掘他。从工读小弟变总裁，严长寿的贵人运第一步就赢在塑造个人形象上。

外表并不等于人缘，但合宜的装扮配上得体的应对，着实让人如沐春风。在社会交往的过程中，服饰给人留下的印象是深刻、鲜明的。一个人的服饰，首先是对自己的尊重，然后才是对别人的尊重，不仅反映了其审美情趣和修养，同时也反映了其对他人的态度。

一个人的外表可以通过服饰来装点，但一个人的气场通常是从骨子里流出来的，是一种内在修为。内在的东西可以通过外在反映出来，前提是你要提高内在的东西。任何人都可以通过有目的的心理暗示，改变自己的气质，秀出最好的自己。

气场是一种磁场，如同一块磁铁，吸引与自己思想相和谐的人。内外兼修，修炼超凡脱俗的风度、气质、才识和个性，培育富有魅力的气场。有了独特的气场，那么他人就会被你吸引而对你心生好感和敬意。

那么，我们该如何修炼自己的气场呢？

首先，要对工作和生活充满信心，勇于面对一切。要让自己变得宽容、大度、豁达、乐观，不能因一时的失败或挫折而抱怨，要对自己想做的事采取积极的态度，而且善于采取积极行动。

其次，要懂得如何与真实的自己相处。只有听从内心的召唤，找到自己真正的梦想，你的潜能才能被充分地激发出来，并且你才会知道如何为自己的目标而努力。

再次，你比以往更冷静，做事有条有理，遇见任何事情，你都能根据实际情况做出正确的判断和选择。你容光焕发、举止典雅、魅力无穷。你不但开启了自己的智慧，而且还锻炼了自己的身体。你的精神得到了安宁，你学会了自我形象设计。

最后，你的内心会感到无比轻松和快乐。因为你克服了不良的情绪，很多事情一下子释然了，你成为了一个全新的自己。

这样的你，是不是有一种前所有为的惊喜？一旦你真的做到以上几点，就已经脱离了碌碌无为的人生状态。在塑造自我的过程中，你卸下了所有的重担，克服了重重的困难，具备了成功的基本素质和条件，怎么会不是新生呢？

所以，从今天开始，把自己最需要塑造的那个方面记在本子最醒目的位置上，不断提醒自己努力去实现一个个突破。等你具备了成功者的所有素质，你就已经站在成功的起跑线上了。

现在，请认真打造自己的想象和气场吧！你的一生将从此而改变。

帮人等于帮己，人生处处有机会

在现在这个竞争激烈的环境中，年轻人要想成就一番大事，只靠一个人打拼天下是不现实的，必须靠大家的共同努力。这就要求我们广结人缘，与人有效合作，借助他人的力量，促使自己在事业上获得成功。俗话说，帮人帮己，人人处处有机会。你在给别人提供方便的时候，等于给自己提供方便。

香港亿万富翁陈玉书，是公认的世界景泰蓝大王，其创业经历得益于一件偶然的小事，可以说是他成为富翁的第一步。

20世纪70年代初，由于政治上的原因，陈玉书离开了任教的北京某中学，身上只有50元，携妻远赴香港寄身岳父"篱下"，做地盘工人。

一天，辛苦工作了一个星期的陈玉书到维多利亚公园游玩，看见一位妇女将孩子抱上秋千，因为体弱无力，几次都无法将秋千荡起来。见此情景，陈玉书走上前去，加力推了一把，秋千立刻大幅度地荡起来，孩子被荡得高高的，母子俩高兴得眉飞色舞。在交谈中陈玉书得知这位太太是印尼华裔，其夫在印尼驻香港领事馆工作。

真是无巧不成书，在公园与那位太太相遇的第五天，陈玉书遇见了另一位印尼华侨。陈玉书在与这位印尼华侨的叙谈中，无意中得知他遇到了一大困难：由于领事馆的商业签证问题遇到麻烦，一批准备运往印尼的货物迟迟不能起运，时间一天天耽误，令其十分焦急、苦恼。

陈玉书听他诉说，灵机一动，脑海里显现出公园里认识的那位太太，便毛遂自荐地表示愿意走一趟，看看能否帮上忙。

最终，陈玉书接过文件，带上礼物，来到那位太太的家。那位太太看在陈玉书一臂之力的份上，将其引荐给自己的丈夫，这位领事馆的官员了解个中原委后，没让陈玉书多费口舌，补了一些手续，便把商业签证办了。

朋友得知这个意外的喜讯，兴奋得不得了，当即给陈玉书五万块钱，以作谢礼。这五万元的酬金，相当于陈玉书当时工资的十年之和。得到这笔钱后，陈玉书把它当作资本，开始涉足商场。商海浮沉十多年来，他稳扎稳打，形成了自己的特色，成为拥有14亿资产的世界景泰蓝大王。

陈玉书的成功离不开这五万酬金。而归根结底，这笔钱又与他当初的一臂之力脱不开关系。所以，他的故事足以给我们留下这样的启示：一切关系，都从零开始，帮助别人，就是帮助自己。

个人的力量，毕竟有限。能赚大钱的人往往最知道如何借助别人的力量，获得自身的最大发展。这种人遇到困难，非自己能解决时，往往能够知道如何获得别人的援助，他自己决不做过于繁重的工作。知道分工合作，他只做那些别人不会做的事。

请记住这个要则：我们要想获得别人的帮助，必先帮助别人。你只有更多地帮助别人，未来才有可能获得更多的收获。只有愚蠢的人才会想方设法奴役别人，希望别人无条件地为自己服务。我只能说，拥有这种想法的人，当真是在做白日梦呢。

曾经名震一时的德国史订尼斯公司后来为何失败？就因为创办人史订尼斯先生虽然有超强的能力，组织了规模庞大的公司，但因他未训练和提拔合作者及职员，始终大权独揽，等到他死后，公司自然而然也随之而倒了。

这种结局是必然的。史订尼斯犯了一个大的错误，自以为拥有的一切都是靠自身的力量赚来的，最终有这种结局也不足为奇。

帮人就是帮己，有这种想法能帮助我们避免独断专行、骄傲自大，同时也有助于我们树立真诚的信誉，从而赢得更多成功的机会。

互惠互助，合作共赢，才能将自己的才华最大化地施展。

以退为进，胜利才是最终目标

在现实生活中，经常会遇到这样的事情：互相争斗的两方，本来只是一些小事，因为互不相让，最终小事变成大事，进而变得一发不可收拾。

有些人处理问题，喜欢迎难而上，不管遇到再大的难事，也要勇往直前，结果往往是撞得头破血流；而有的人却懂得以退为进，从而间接取得胜利。

也许你会说："我为什么要后退呢？不管我付出多大代价，我只要把对方打败就是胜利啊！"这话乍一听，挑不出毛病。可如果当前形势对我们不利，采取以退为进的方式更有利于我们进攻，取得更大的胜利，我们何乐而不为呢？

著名影星李连杰初到好莱坞时，几乎没有一个人看好他，好不容易有一家电影公司愿意请他出演，片酬也不高，只有100万美元，而且还是反派角色。要知道，之前他在国内可是亿万身价啊，而且所饰演的角色也多是大侠、有情有义之士等正派人物。所以，李连杰甚为犹豫，说自己要慎重考虑之后才能答复。但是等他答应出演时，对方却改口说，只能支付给他75万美元。众所周知，在20世纪90年代的东南亚电影市场，"李连杰"三个字早已是金字招牌、票房保证。从众所周知的"功夫皇帝"一下子沦落到接工作还要看对方脸色的地步，李连杰一时之间有些难以接受。可为了打开欧美市场，获得更大的发展空间，他考虑再三，还是决定出演。没想到，这次对方又变卦了，说："只能支付50万美元，不演拉倒。""没问题，我演！"这次李连杰没有犹豫，他答应得很痛快。50万美元对于普通人来说，自然不是个小数目，但是对于一个需要支付经纪费、律师费，以及宣传费等各项费用的演艺团队来说，这笔钱扣完各项杂税，基本所剩无几。但李连杰心里明白，在好莱坞，票房号召力才是检验一个演员实力的唯一标准。只要给他机会，再大的让步也值得。就这样，李连杰拍了他在好莱坞的第一部电影《致命武器4》。尽管这部影片巨星云集，但在影片首映当晚，李连杰就在当时影响力最大的电影榜单上获得了7.5分的成绩，成为演员排行榜中的亚军。第二天，电影公司的老板就亲自登门，毕恭毕敬地对他说："下一部片子请您演主角，您意下如何？"就这样，李连杰以退为进敲开了好莱坞的大门。到他拍摄第四部好莱坞影片时，片酬已经达到了1700万美元。后来，当他谈起这段往事时，感触颇多，就用一首哲理诗总结了在好莱坞的经历："手把青秧插满田，低头便见水中天。六根清净方为道，退步原来是向前。"

做人做事，进退有度，随机应变，能够适时调整自己，及时准确地把握事态，随即按照自己的意愿完成目标。这种以退为进的方法，非常值得人们学习。就像农民在插秧时，总是边插边退，每插完一行就后退一步，但这样的后退，却是为了最终的硕果。

无论是生活上，还是工作中，这种表面上的退让工作，看似吃了亏，实际上是一种高明的应世策略，同时也是一种大智慧。如果能把这项谋略运用得当，绝对令你受益匪浅。特别是面对一些莫须有的罪名，与其强加辩解让人觉得你心中有鬼，即便澄清后也有可能给旁人一种不好的印象，不如冷淡对应，以退为进，以不变应万变。为了实现最终目标，暂时的退让就是为了更长远的打算。

大丈夫能屈能伸，与其怨天尤人，不如尊重现实，迂回前进。要记得，胜利才是你的最终目标。

不论得与失，都要做好自己的事

人若想有所得，必先有所失。得失的选择，是一种价值观，更是一种人生观。人往高处走，水往低处流，海鸥选沙滩，蝴蝶选花丛，但在选择的同时，便意味着放弃，便有了得与失。得与失，天生相生相克，纠缠不清，而在得与失之间徘徊的我们，又该怎样面对呢？

30岁左右的年轻人应该已经尝过失意的滋味。这世上有很多求而不得的东西，关键是你能否泰然处之，然后继续做好该做的事。

如果司马迁不是一个正直的书生，而只是一个单纯的随波逐流的官员，那他绝对可以贪污足够多的钱，来赎回自己的宫刑。然而因着自己的一颗仁义之心，他觉得如果自己不站出来替李陵说句公道话，就对不起自己多年来读的圣贤书。所以，他才会在汉武帝气头上为李陵仗义执言，结果汉武帝正因逮不住李陵撒气，便轻轻松松地赐了司马迁一个宫刑。

很多人都读过金庸的武侠小说，书中的大侠往往都是经过九死一生才活下来的，只要没有死就意味着还有东山再起的机会。司马迁就是这样，虽然他含冤受辱，但毫不畏惧地仗义直言。他可以接受自己所受的凌辱，但他无法接受有人篡改历史。果然，《史记》一出，汉武帝觉得自己被一个书生耍了，气得直跳脚。在这本书里，汉武帝一生功过，写得尤为清明。不畏权贵，不流于世俗，只要一息尚存就要直言到底，这是司马迁的江湖梦。他一生都在忍受屈辱为后世说明真相，等到《史记》快完成的那一天，司马迁已发须皆白。回首往事，他心中涌起了无尽的落寞和无奈，一生的时间好像才刚刚开始就要结束了，于是他就写了篇《悲士不遇赋》，附在《史记》后面。或许，他本是想认真写一写的，但不知为何刚开了头却又匆匆煞了尾。

同样壮志未酬的，还有蒲松龄。蒲松龄一生落魄，临到死还是个穷秀才。然而，就是这个在小山村里默默无闻地教书育人的私塾先生却做了一件让许多自命清高的读书人笑掉大牙的事——他在自己住处门口的大树下铺了一张凉席，然后煮上一锅绿豆汤，让路过的人免费喝。这个连养活自己都成问题的书生，对自己行的善事只有一个要求：如果你有好听的故事，不妨讲给我听听，鬼狐故事尤其欢迎。大部分路人都觉得这主意不错，有免费绿豆汤喝，而且还有人愿意听他们废话。于是，就有了后来的《聊斋志异》。此书一经推出，大家纷纷对这个奇怪的老头刮目相看，或许直到今天，几乎没人能说得出当年的状元、榜眼、探花是谁，但提起《聊斋志异》，说起蒲松龄，估计没几个人不知道的。他笔下那些模样各异的鬼，被他描绘得有板有眼，极富人情味儿。或许今人也很难了然蒲松龄的情怀到底是什么，但很明显他一直看得起自己，明白自己的价值，即使在最困厄、最艰难的时候，他也没有放弃自己，依然坚持做好自己要做的事。

我们习惯把人的得意和失意看成是一种结果，殊不知这并不单单是一种结果，更是一种状态。而且，这种状态更大程度上是由心生的，而不是状态本身。因此，人的得意、失意是可以转化的。人在失意的时候，不意气用事，不对生活丧失信心，已经距离成功不远矣。只要你咬紧牙关再坚持一下下，说不定就会有意想不到的成就。

有句谚语："塞翁失马，焉之祸福。"无论祸与福，做好自己应该做的事才是最要紧的。其他的，就交给时间和命运吧！

机会总是垂青愿意付出努力的人

马丁·路德说："良机对于懒惰没有用，但勤劳可以使最平常的机遇变良机。"

人的一生可以过得平平淡淡，也可以过得轰轰烈烈。但不管什么样的人生，都会在某些你预料不到的时候出现一些转机，这些转机也许就是机遇。有些机遇是水到渠成自然出现的，比如升迁，当你的努力与能力受到领导的认可时，被提拔是早晚的事；而有些机遇却是意想不到从天而降的，比如炒股被套牢的时候，偏逢国家政策调整，股市转入牛市，不经意之间就赚了一笔。

人生需要机遇相伴，机遇需要努力助推才能成功。生活中最有希望的成功者，就是那些拥有积极心态，善于抓住机遇、创造机遇，把全部精力投入到工作中的人。

中国著名钢琴家郎朗，在他的自传中写到，他刚开始踏上钢琴职业生涯时，只是一名替补，而且还是第七替补，也就是说演奏家和前面的六位替补全部病倒的时候，他才有机会上场，这几率几乎为零。但他并没有因此而放弃，依然夜以继日地练习弹奏，他锲而不舍的努力打动了一位著名的音乐家，将他提升到了第一替补的位置。终于有一日上台演奏，一曲终了，全场听众起立为他鼓掌整整七分钟，使他一炮走红，如今成为闻名世界的大钢琴家。如果当初他因为"第七替补"而闷闷不乐，如果他当初轻易放弃，那么他今天仍是一个普通人，仍然鲜为人知。

《最强大脑》里"王者归来"的王峰原本也是一个普通人，记忆力也是一般水平，但现如今却是世界顶级的记忆高手，记忆力令人惊叹。

王峰的成就不是来源于他的天赋，而是来源于他的努力。他参加了记忆培训，仅用半年时间就达到了记忆高手的水平。对于记忆高手来说，一天不记忆，他自己知道；两天不记忆，内行知道；三天不记忆，外行知道。这么高的记忆水平是他努力得来的，努力得到了回报，所以才有机会参加节目，一鸣惊人。

生活中，有些人会觉得，为什么有些人总是很幸运，好像

　　总能受到上天的青睐，而自己却总是被逼得走投无路。于是，就开始抱怨上天不公平。特别是每年的大学毕业之际，经常听到有人说："毕业之后，就失业了！""求了十几年的学，到头来还不能养活自己！""人生的路为什么会越走越窄？"

　　当然，也会有很多大学生一毕业就收到大企业抛来的橄榄枝，他们认真对待每一份工作，并且不忘记努力充实自己，几年以后，就和身边的人拉开了相当大的差距，成了别人眼中的佼佼者。人与人之间的差异之所以这么大，其实很简单：你沉迷在游戏中，别人在扩展人脉；你在赖床，别人在锻炼；你在抄论文，别人在做课题调研；你在追剧、打游戏，别人在业余时间进修；你在应付工作，别人在学习新技能；你在抱怨，别人在解决问题；你在得过且过，别人已经做了生涯规划。

　　由此可见，一个不懂得努力、整日不思进取的人，即便机会来了，他也往往难以抓住，白白让机会从手中溜走。相反，一个人越努力，他的选择就越多，他能把握的机会也就越多，他看起来运气就更好。所以，我们应该扪心自问，为什么好事全被别人占了？因为我们并没有付出同等的艰辛和努力！

　　当你羡慕别人的选择越来越多，人生的道路越走越宽阔时，你最需要做的就是停止抱怨，为自己的未来努力打拼！假如你每周读一本书，十年就是五百多本，你就可以学富五车；假如你每天学十个英语单词，十年就是三万多个单词，你就可以成为英语达人。今天你所做的每一点看似平凡的努力都是在为你的未来积累能量，今天你所经历的每一次挫折，都是在为未来打基础！不要等到老了跑不动了再来抱怨生活不公平！要知道，机会总是垂青愿意付出努力的人！

厚积薄发，乃大兴之道

公元前494年，吴王夫差率领大军攻打越国。越王勾践不听大夫文种和范蠡"宜守不战"的劝告，带兵迎战，结果大败，只带了5000个残兵败将逃到会稽，被吴军围困起来。没有办法，勾践只得求和。

吴国答应了越国的求和，但是要勾践亲自到吴国去。勾践把国家大事托付给文种，自己带着夫人和范蠡到吴国去了。

夫差将勾践押回吴国都城后，将他们夫妇软禁于一间石室之中，让他们干最脏最累的活，勾践整天蓬头垢面地干活，没有丝毫怨言，似乎忘记了屈辱，已甘心为奴了。夫差还经常派人去察访。察访的人向他报告说勾践夫妇生活非常艰辛，但干活却很勤快，从不偷懒，并没有看到不轨的举动。

夫差出门时，还让勾践为他牵马，来到大街上，侍从还高声大喊："快来看呀，现在站在你们面前的是越王勾践，他现在已经沦落为大王的马夫了。"于是街人纷纷上前对勾践又是推搡又是打骂。尽管勾践受尽了羞辱，但并没有异常的行为，似乎已麻木不仁了。

更出格的是，一次，夫差受了风寒，在宫中养病。勾践知道后，带着焦急的神情前来探望。当他进门时，夫差正在大便。勾践走到跟前，观察了一下粪便的颜色，再探出头去闻粪便，最后竟蘸了粪便放在嘴里尝一下，然后对夫差说："大王的粪便是黑色的，闻了以后有奇臭，尝了以后却带了一丝苦味，说明肚中的毒物已经经过粪便排出，毒物既出，大王的病也就没有大碍了。恭喜大王！"

由此，夫差认为勾践已经胸无大志，对他的管束也逐渐松懈了，后来就放勾践夫妇回国了。

回国以后，勾践卧薪尝胆、励精图治，趁吴王夫差出兵与中原大国争霸之时，攻打吴国，并一举灭了吴国。

吴越之战，勾践被夫差俘虏。如果勾践是一般人的话，他的想法应该是找机会逃脱，回国后再组织力量找夫差报仇。但是，这样做的结果是，夫差会提高警惕，全面防备越国。越国根本没有打赢吴国的把握。

而勾践不是一般人，他低下头，不折腾，不惹事，乖乖地做他的俘虏。等夫差放他回国后，他就发愤图强，不仅打败了吴国，而且一度称霸诸侯。

这就是众所周知的历史故事——"卧薪尝胆"。

人的一生要面对很多困难与挫折，只有放低姿态，低调处世，我们才能获得内心的平静，才能承受人生中出现的各种苦难。

民间有句谚语："低头的是稻穗，昂头的是稗子。"越成熟越饱满的稻穗，头垂得越低。只有那些稗子，才会显摆招摇，始终把头抬得老高。

低调做人，是一种品格、一种姿态、一种风度、一种修养、一种胸襟、一种智慧、一种谋略，是做人的最佳姿态。欲成大事者必要宽容于人，进而为人们所接纳、所赞赏、所钦佩，这是人能立世的根基。

张爱玲有一句坦率得近乎"无耻"的名言："出名要趁早。"她说这句话时是因为她始终做着她的富贵梦，端着贵族架子，四体不勤，谋生无着，无奈发出了这样的感慨。

但是，处于现代社会的人们却对这句话顶礼膜拜，为了"早出名""快出名""赚大钱"，不断地折腾，今天看到网上赚钱稳当，马上到网上开店；明天看到炒股赚钱快，立刻跑去买股票。这些人在做出行动之前，并没仔细考虑一下自己是不是适合干这一行，也没有考察一下这些行业的行情，只是盲目地跟风，可想而知，这样瞎折腾的后果是浪费了时间，损失了金钱，真是"赔了夫人又折兵"。

古代私塾，不追求讲解得精深透彻，也不讲求教学的花样，反而要求学生有足够的诵读时间，在反复的朗读中自悟自得。那时选用的教材都是《三字经》《百家姓》《千字文》《千家诗》《声律启蒙》《唐诗三百首》等韵文或诗词，每个汉字都是置于具体的语言环境中，学童在大量的诵读中不知不觉地熟知了文字的音、形、义，无须独立识字。经口诵心维的训练，一两年时间就可以认识大量的汉字，而且背熟之后会终生难忘。

如此可见，旧时私塾那种做法的初衷和终极目标都体现为"积累"：在童蒙时期输入大量的、经典的、完整的文本信息，为言辞行文确立了可效仿的典范，以期达到将来的厚积薄发之力。

人生何尝不是如此？踏实做人，谨慎做事，平淡的生活就会升华为不平凡的人生。

扬长避短，成就人生

古语有云："人非圣贤，孰能无过？"这句话是说，每个人身上都有优点和缺点，我们不可能把每件事都做到尽善尽美。关键是，我们该如何找到自己的优势，并将它发扬光大呢？

对绘画知识有所了解的人，都知道毕加索是闻名古今中外的艺术家，但听说阿格·罗伯特的却不多。实际上，两人是同时代的画家。阿格·罗伯特和毕加索一样，自幼就是神童，他出生在一个农场里，儿时也喜爱绘画，可是由于生活的艰苦，他被繁重的农活淹没了。在休闲的季节里，他一天花上好几个小时凝神注视着周围五彩缤纷的景物。整整50个年头，他没有动过一下画笔。直到他退休在家，积聚多年的才能一下子喷涌而出，很快就达到了创作的高峰。在有生之年，他在全国范围内举办了二十多场个人画展，一举成为当时最杰出的画家之一。试想一下，如果阿格·罗伯特能够早点发挥自己在绘画方面的优势的话，很可能他就是足以跟毕加索齐名的伟大艺术家了。

人们常常花几十年的时间来从事某项工作，却很少花上几个小时考虑自己在这份工作中拥有哪些优势。优势并不一定都是某类工作，它更可能是工作中的某个方面，比如说，一个人做事认真、谨慎、守纪律，或者心细、热情、诚信、包容或者体谅，也可能是自己热爱的某个价值观念，如思考、成就、信仰、公正等。

有人说：干一行，爱一行。这话说得不错。可问题是，你干的这一行，是不是你擅长的，是不是你喜欢的？干自己喜欢的工作，干能够发挥自己优势的工作，方能如鱼得水，自得其乐。反之，就是给自己找别扭。如果一项工作，你既不喜欢，也不能发挥你的优势，你干得就不会开心，不开心就不会出效率、出高质量的结果，那又是何必呢？

英国影视演员罗温·艾金森是一位表演艺术家，也是家喻户晓的喜剧电影《憨豆先生》中憨豆的扮演者。小时候的他因为长相憨呆、举止笨拙，经常被同学们当成取笑的对象。他常常把课堂秩序搞得一团乱，让老师们很头疼，认为他没有任何优点和发展前途，父母也怀疑他是弱智。但艾金森渐渐发现，他表演的滑稽剧常常逗得老师和同学捧腹大笑。他知道自己并非一无长处，他确信自己有表演的天赋。有一天，一位著名的喜剧导演看过他的表演后惊叹不已，称赞他是不可多得的喜剧天才，并邀请他一起合作喜剧节目。后来，艾金森果然成功了。

艾金森发现了自己的优点，并勇敢地将它展示了出来，甚至利用大家的嘲讽将其放大，让优点成为进步的阶梯、成功的摇篮。

一个穷困潦倒的青年，流浪到巴黎，期望父亲的朋友能帮助自己找到一份谋生的差事。"数学精通吗？"父亲的朋友问他，青年摇摇头。"历史、地理怎么样？"青年还是摇摇头。父亲的朋友接连发问的问题都是青年所不擅长的，他只好遗憾地告诉对方自己不具备那些才能和长处。于是，父亲的朋友只好请他先把地址写下来，日后如有适合他的工作，也好及时通知他。青年心知他恐怕很难有机会了，所以失望地写下自己的住址后转身就要走，不曾想，却被父亲的朋友叫住了："你的字写得很漂亮，这是你的长处啊，你不应该只满足于找一份糊口的工作。"一番话使得青年对自己有了新的认识，也重拾了自信，于是他奋发努力，在文字上深下苦功，数年后果然写出享誉世界的经典作品。这位青年，就是日后成为法国著名作家的大仲马。

一位名人曾经说过："人必须悦纳自己，扬长避短，不断前进。"一个成功的人，他一定懂得发扬自己的长处，来弥补自身的不足。只有找到自己身上的闪光点，扬长避短，才能在平淡的生活里，成就精彩人生。

生命不息，奋斗不止

人生是短暂的，如何在短暂的一生中活出精彩，成就一番事业，是我们很多人都关心的一个问题。既然不想庸庸碌碌地过一辈子，那就应该生命不息，奋斗不止。

无论你在哪个年龄阶段，现在开始努力都不晚。当下，就是最好的时刻。

如果你对美国前任总统林肯的履历表有所了解的话，就会知道他的一生有多曲折：他家境贫寒，事业也不顺遂，八次竞选、两次经商均以失败告终，甚至还精神崩溃过一次。

下面是他进入白宫之前的履历表：

1816年，家人被赶出了居住的地方，他必须工作以抚养他们；

1818年，母亲去世；

1831年，经商失败；

1832年，竞选州议员但落选了，工作也丢了，想就读法学院，但进不去；

1833年，向朋友借钱经商，但年底就破产了，接下来他花了16年，才把债还清；

1834年，再次竞选州议员落选了；

1835年，订婚后即将结婚时，未婚妻却死了；

1836年，精神完全崩溃，卧病在床六个月；

1838年，争取成为州议员的发言人没有成功；

1840年，争取成为选举人但又失败了；

1843年，参加国会大选落选；

1846年，再次参加国会大选，这次当选了，前往华盛顿特区，表现可圈可点；

1848年，寻求国会议员连任失败；

1849年，想在自己的州内担任土地局长被拒绝；

1854年，竞选美国参议员落选；

1856年，在共和党的全国代表大会上争取副总统的提名，得票不到100张；

1858年，再度竞选美国参议员——再度落败；

1860年，当选美国总统。

"此路艰辛而泥泞，我一只脚滑了一下，另一只脚也因而站不稳；但我缓口气，告诉自己，这不过是滑一脚，并不是死去而爬不起来。"林肯在竞选参议员落败后如是说。好多次，他本可以放弃，但他没有，这才有了美国历史上最伟大的总统之一。

在人生的道路上，很少有人能一举成功，而那些成功的人之所以最终达成了自己的目标，凭借的就是一颗坚持到底的决心和奋斗不止的毅力。

汪国真说："既然选择了远方，便只顾风雨兼程；既然目标是地平线，留给世界的就只能是背影。"这里的远方是理想追求的梦的远方，是心之所向的地方，是不可以为之放松懈怠的远方。

西班牙天才画家毕加索90岁的时候还在画画和雕刻，前爱尔兰的政治领袖瓦勒拉91岁的时候还在当总理，英国著名作家萧伯纳93岁的时候创作了《牵强附会的寓言》等文学作品，意大利文艺复兴时期的著名画家蒂蒂安98岁的时候完成了著名的作品《兰巴斯战役》，美国原始派多产画家摩西奶奶100岁时还在画画。

因此，生命不息，奋斗不止乃人生真谛。

当今社会，竞争激烈，情况瞬息万变。如果我们满足于小溪的平缓，也就等于认可了自己的平庸。你没有攀登山峰的勇气，何以欣赏自己的卓越？我们只有保持强有力的生命力，保持奋斗的姿态，才能解出人生无数的考题。或许在奋斗的过程中，我们也曾获得一定的成就，以为大功告成，可以功成身退了。但你要知道，生命尚在路上，一切皆不可妄言。无论成功或是失败，只要一息尚存，就不是终点。

所谓"胜不骄，败不馁"，无论是成功或失败，都只能代表昨天的自己。我们无须因为昨日的成功而感到满足，也不必因为昨日的失败而感到气馁。人生没有停靠站，当下就是全新的起点。无论何时何地，只有保持奋斗的姿态，才能证明生命的存在。

我们只要记得，人生只有一次，不甘心平凡，就尽力精彩。

生命不息，奋斗不止。